U0156872

国家重点基础研究发展计划（973 计划）：中国南方海相页岩气高效开发的基础研究

页岩气优质储层
形成机制与定量表征

郭　伟　王玉满　刘洪林　邓继新　编著

石油工业出版社

内 容 提 要

本书介绍了中国页岩气分布地质特征、四川盆地区域地质特征及页岩气开发进展、页岩岩相特征及储层分布模式、页岩气"甜点区"的预测与评价研究、页岩储层表征技术及储层分类评价，以及优质页岩储层发育规律、表征技术及面临挑战等内容。

本书可供从事页岩气地质勘探及开发的科技人员及石油院校有关专业的师生阅读、参考。

图书在版编目（CIP）数据

页岩气优质储层形成机制与定量表征 / 郭伟等编著.
—北京：石油工业出版社，2020.9
ISBN 978-7-5183-4120-7

Ⅰ. 页… Ⅱ. 郭… Ⅲ. ①油页岩 - 油气藏形成 -
研究 Ⅳ. ① P618.130.2

中国版本图书馆 CIP 数据核字（2020）第 114286 号

出版发行：石油工业出版社
　　　　　（北京安定门外安华里 2 区 1 号　　100011）
　　　　　网　　址：www.petropub.com
　　　　　编辑部：（010）64523548　图书营销中心：（010）64523620
经　　销：全国新华书店
印　　刷：北京晨旭印刷厂

2020 年 9 月第 1 版　2020 年 9 月第 1 次印刷
787×1092 毫米　开本：1/16　印张：10.75
字数：255 千字

定价：85.00 元
（如出现印装质量问题，我社发行部负责调换）

《页岩气优质储层形成机制与定量表征》
编 委 会

前　言

从 20 世纪 90 年代起，中国成为石油净进口国，2006 年又跨入天然气净进口国之列。2018 年中国石油表观消费量达 6.48×10^8t；国内原油产量降至 1.89×10^8t。根据《中国油气产业发展分析与展望报告蓝皮书（2018—2019）》，2019 年中国原油加工量和石油表观消费量双破 6×10^8t，石油对外依存度逼近 70%。继 2017 年成为世界最大原油进口国之后，中国于 2018 年又超过日本，成为世界最大的天然气进口国，全年进口天然气 9038.5×10^4t，对外依存度升至 45.3%。

为保障国家能源供给安全，缓解油气资源对外过度依赖，扩大天然气消费量，2005 年以来，中国开始了规模性的页岩气前期地质评价与勘探开发先导试验，试验借鉴北美经验，依靠理论创新，强化技术进步，边研究边发展，有序推进。迄今已在富有机质页岩地质特征、页岩气形成地质条件、有利页岩气远景区带等认识上取得重要进展，并在四川盆地古生界海相页岩取得重要发现。2018 年页岩气产量突破 100×10^8m^3，成为全球第二大页岩气生产国，发展迅速，前景看好。

页岩气为产自极低孔隙度和渗透率、以富有机质页岩为主的储集岩系中的天然气。气体成分以甲烷为主，赋存方式为游离气和吸附气并存，属自生自储、原位成藏。页岩气的开发必须通过大型人工造缝才能形成工业产能。页岩在传统油气研究中一直被视为一种烃源岩而作为储层，对其认识的技术方法、技术手段与常规油气储层有所不同。页岩是一种非均质性强、微观孔隙发育、组成矿物颗粒细小的特殊岩石类型，充分认识页岩本身的特性和结构，提高对页岩气储层的认识，对于高效开发页岩气具有十分重要的意义。

本书以先进的致密岩心试验分析为基础，以物理化学、油气地质、岩石物理、地球物理、岩石力学、地质统计等多学科理论为指导，借鉴和吸取国内外相关领域实践经验和研究成果，通过页岩多重孔隙介质观测、宏观页岩岩相分析、岩石物理学试验等研究工作，解决了多尺度多属性页岩储层参数体系表征的技术难题，描述了页岩储层孔隙分布特征及控制因素、页岩岩相与物性参数间的关系，查明了页岩优质储层形成机制，建立了页岩储层属性表征方法、储层目标层段优选参数体系、工程应用的判别标准，形成了一套页岩储层表征的关键技术，建立了有效的页岩储层评价方法和模型。通过对页岩储层的定性描述到定量评价、单一因素分析到系统模拟，以综合分析为途径，建立了高成熟海相页岩储层评价体系。

科学的方法需要实践的检验。为验证相关技术与方法，本书以示范区为例，依据页岩气超压富集机制与可改造性基础性认识，结合井孔成像测井、地震相干、曲率属性和多方位 AVO 等分析技术与方法，通过建立页岩岩石物理模型、优选了页岩气储层敏感属性，预测了页岩气储层天然裂缝分布，进行了页岩储层关键参数评价，完成了海相页岩双优储层"甜点"区域预测与评价的应用，获得了良好的应用效果。本书形成的技术理念和方法，希望能对中国页岩储层表征技术发展起到一定的促进作用。

由于编者水平所限，书中难免存在疏漏之处，欢迎读者批评指正。

2020 年 4 月

目录

1 中国页岩分布地质特征 1
  1.1 中国页岩区域地质背景 1
  1.2 中国富有机质页岩类型与分布 1
  1.3 中国页岩气基本地质条件 1
  1.4 海相页岩气基本条件 2
2 四川盆地区域地质特征及页岩气开发进展 3
  2.1 四川盆地区域地质特征 3
  2.2 四川盆地页岩气开发进展 21
3 页岩岩相特征及储层分布模式 27
  3.1 地层层序与岩相组合 27
  3.2 富有机质页岩沉积要素与发育模式 33
  3.3 富有机质页岩脆性评价与"甜点层"分布特征 46
  3.4 页岩气储层储集空间结构特征研究 53
  3.5 页岩气储集方式与储集条件研究 59
4 页岩气"甜点区"的预测与评价研究 72
  4.1 页岩储层岩石物理特征研究 72
  4.2 井中地震岩石物理特征及正演 93
  4.3 页岩"甜点"区地震预测 109
5 页岩储层表征技术及储层分类评价 132
  5.1 页岩含气量测试技术研究 132
  5.2 页岩孔隙度测试技术研究 133
  5.3 页岩储层渗透率测试技术研究 136
  5.4 页岩微观孔隙表征技术研究 140
  5.5 龙马溪组页岩纳米级孔隙特征及其成因 144

5.6 龙马溪组页岩自生脆化作用及其成因机制 ……………………… 146

5.7 页岩气储层分类分级评价方法 …………………………………… 150

6 优质页岩储层发育规律、表征技术及面临挑战 …………………… 158

6.1 优质页岩储层发育规律 …………………………………………… 158

6.2 海相优质页岩储层关键参数表征技术 …………………………… 159

6.3 优质页岩储层表征面临的挑战 …………………………………… 160

参 考 文 献 ……………………………………………………………… 163

1 中国页岩分布地质特征

1.1 中国页岩区域地质背景

中国大陆处于太平洋、印度和西伯利亚等板块交会处，动力学体系复杂，地质构造具多块体拼合、多期次、多旋回的复杂构造特征。中国地质构造演化分为前南华纪陆核形成与古中国地台形成阶段、古地台解体与古中国大陆形成阶段、印支期后中生代、新生代中国大陆继承发展三大阶段。在三大演化期中，形成了多类型、结构复杂、多期叠合、多期构造变动的沉积盆地，每一阶段都发育富有机质页岩。古生代发育六种类型盆地，以海相拗拉槽和克拉通坳陷盆地为主，这些盆地多被中生代、新生代盆地叠置。中生代、新生代盆地主要发育在大陆内部，中国东部以伸展（裂谷）盆地为主，西部以挤压挠曲（前陆）盆地为主，中部的四川盆地为前陆盆地、鄂尔多斯盆地为大型坳陷盆地，郯庐断裂带、阿尔金断裂带和横断山断裂带等走滑断裂带发育走滑类盆地。不同演化阶段、不同类型盆地，直接控制了中国富有机质页岩的发育、分布、类型与页岩气潜力。

1.2 中国富有机质页岩类型与分布

按沉积环境，富有机质页岩分为三大类：海相富有机质页岩、海陆过渡相与煤系富有机质页岩和湖相富有机质页岩。中国南方扬子地区海相页岩多为硅质页岩（如扬子地区牛蹄塘组底部页岩）、黑色页岩、钙质页岩和砂质页岩，风化后呈薄片状，页理发育。海陆过渡相页岩多为砂质页岩和碳质页岩。陆相页岩页理发育，渤海湾盆地、柴达木盆地新生界陆相页岩钙质含量高，为钙质页岩，鄂尔多斯盆地中生界陆相页岩石英含量较高。依构造—岩相则可分为四种类型：海相富有机质页岩，主要形成于克拉通内坳陷或边缘半深水—深水陆棚相；过渡相富有机质页岩，形成于克拉通边缘沼泽相；煤系富有机质页岩，主要形成于前陆盆地湖—沼相；湖相富有机质页岩，分别形成于裂谷盆地断（坳）陷和大型陆内坳陷盆地的半深湖—深湖相。

1.3 中国页岩气基本地质条件

古生代在中国南方、华北及塔里木地区形成了广泛的海相和海陆过渡相沉积，发育多套海相富有机质页岩和海陆过渡相煤系碳质页岩。在后期改造过程中，部分古生界海相页岩经历了挤压变形或隆升，如南方的扬子地区，多为后期隆升改造。四川盆地、华北地区、塔里木盆地构造相对稳定，地层保存条件较好。中、新生代以来，形成了中国独特的陆相湖盆沉积。陆相沉积盆地一般面积不大，但在盆地稳定沉降阶段常形成分布广泛的陆相生油岩，生烃潜力很大，如松辽盆地下白垩统青山口组、鄂尔多斯盆地上三叠统延长组陆相页岩，均是盆地主要烃源岩。

与北美相比，中国陆上页岩气成藏条件可概括为：

（1）页岩发育具广泛性：不同时代不同地区都发育了程度不同的富有机质页岩。

（2）页岩展布具非均衡性：海相页岩分布在以南方为主的三大区，过渡相与煤系页岩分布在中—西部的 2 大区 4 大盆地，湖相页岩分布在 4 大盆地，受沉积凹陷限制分隔性强。

（3）页岩成气潜力具多样性：有机质含量总体丰富，高有机质含量（$TOC > 2\%$）页岩发育程度和集中程度不一；页岩有机质类型存在腐泥型、腐殖型和混合型等多种类型；页岩形成时代的赋存地质背景不同，热成熟度变化范围大。

（4）页岩储层具差异性：不同页岩岩性组合、高有机质含量集中段发育程度、热成熟度、同矿物组成与含量、纳米孔隙发育程度等主要储层特征上存在明显差异。

1.4　海相页岩气基本条件

中国页岩气的形成条件在页岩形成环境、页岩品质、成气阶段、所处深度等方面均与北美有较大差异，尤其是后期保存条件不同导致含气性差异明显。总体而言，通过地质条件对比与关键参数研究，初步认为高成熟度多期改造是中国海相页岩气的主要地质特征，稳定区是海相页岩气资源赋存的重点领域，改造区则风险较大，但是焦石坝和巫溪地区也取得了突破性进展。中国海相页岩以早古生代为主，时代老，演化时间长，R_o 普遍大于 2.0%。经历多期构造活动，页岩储层抬升出露、断裂切割严重，改造破坏作用强烈，因此有效保存是多期构造活动下海相页岩气形成富集的核心问题。华北和塔里木的海相页岩主体埋深超过了 4500m，羌塘地区地理环境十分恶劣，暂不适宜页岩气勘探开发。南方地区海相页岩分布范围广，厚度大，埋藏适中，具有较好的页岩气资源潜力。南方地区古生界海相页岩埋深在 500~4500m 范围的面积可达（25~30）×10^4km²。南方下寒武统筇竹寺组、上奥陶统五峰组—下志留统龙马溪组页岩分布广、厚度大，高 TOC（> 2%）页岩连续厚度大，页岩气形成富集条件优越；上扬子区构造相对稳定区多，筇竹寺组、五峰组—龙马溪组两套页岩均已获气，是南方海相页岩气有利领域，其中五峰组—龙马溪组页岩是更现实的选择。湖相页岩 TOC 含量 1.2%~6.0%，高 TOC 页岩厚度 20~70m，横向变化快，有机质类型以 I 型至 II 型为主，热演化程度（R_o）0.6%~1.3%，主体处于生油阶段，局部达生气范围。湖相页岩储层脆性矿物含量并不低，但水敏性黏土矿物含量多，演化程度低，有机质微米—纳米孔隙很少发育。

2 四川盆地区域地质特征及页岩气开发进展

2.1 四川盆地区域地质特征

四川盆地为一菱形构造盆地，它被周缘发育的一系列构造带及断裂带所围绕。在盆地的西北缘发育有著名的龙门山推覆构造带；盆地东北缘发育有米仓山构造带及大巴山构造带；盆地东南缘发育有八面山断褶带；盆地南缘发育有娄山断褶带；盆地西南缘发育峨眉山—凉山块断带。这些构造带为盆地周缘的一级构造单元，对盆地的发展演化具有重要的影响。四川盆地位于扬子板块的西北缘，属于扬子准地台的一个一级构造单元，在地质历史演化过程中，上扬子克拉通长期处于冈瓦纳大陆和劳亚大陆之间的构造转换部位，构造运动十分活跃。在印支期四川盆地已初具雏形，后经燕山运动和喜马拉雅运动的改造形成现今构造面貌，盆地面积约为 $18 \times 10^4 km^2$，仅是侏罗系沉积盆地的1/3。现今的四川盆地主要是指经喜马拉雅期构造运动改造后，形成有中生代、新生代红层分布的盆地，盆地界线轮廓清晰，盆地周缘受构造带控制具有沉积盆地、构造盆地及地貌盆地的性质。

2.1.1 地层特征

四川盆地地层分区属于华南地层大区中的上扬子地层，盆内大部分地区为沉积盖层，川西龙门山地区、北缘米仓山及川东南秀山地区有震旦系下统地层出露。四川盆地的沉积基底为震旦系下统板溪群变质岩和火成岩，在此基底上沉积了震旦系—中三叠统海相地层，岩性以碳酸盐岩为主，并发育多套碎屑岩；上三叠统—第四系陆相地层，岩性以碎屑岩为主。四川盆地属于扬子板块内的一个次一级构造单元，其地层属于华南型，区域上地层发育齐全，自震旦系下统至第四系均有出露（图2-1）。

震旦系下统岩性分为两类，一类为变质程度低的碎屑岩，另一类为变质程度高的变质岩。震旦系下统的变质岩为四川盆地沉积盖层的结晶基底。

（1）震旦系（Z）：不整合于震旦系下统之上，震旦系下统是构成华南板块四川部分的基底地层，分上、下两部分：下部为结晶基底，上部为褶皱基底。震旦系划分为下统和上统，下统下部为火山岩及火山碎屑岩建造，下统上部为冰碛碎屑岩建造；上统下部为碎屑岩建造，上统上部为碳酸盐岩建造，厚度大于300m。震旦系厚约1240~2700m，在四

3

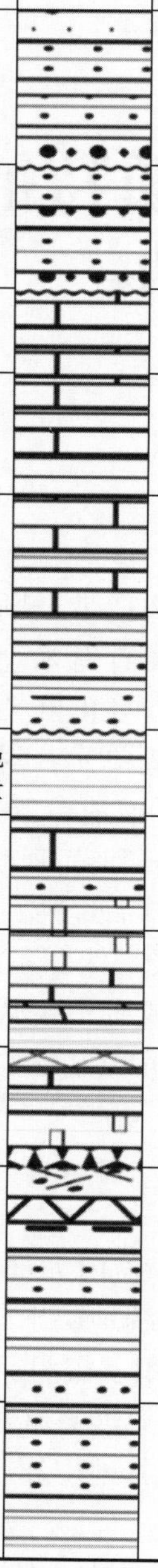

年龄 Ma	时代	地层柱	厚度 m	岩性	备注	沉积环境
145~至今	白垩纪—新生代			岩屑碎屑岩 泥岩 碎屑沉积物		陆相—湖相
235~145	晚三叠世—侏罗纪		1060~1190	砂岩 泥岩 砾岩		
250~247	中三叠世		260~1460	石灰岩 泥岩		
300~250	二叠纪		400~1040	石灰岩 砂岩，板岩 燧石		浅海相—滨海相
359~300	石炭纪		30~1720	砂岩 含煤石灰岩	只有C₂零星出露	
393~359	早泥盆世—晚泥盆世		110~2030	砂岩 石灰岩 泥质砂岩		
443~427	早泥盆地—晚泥盆世志留世		2500~4700	泥岩，板岩 粉砂岩		
448~443	奥陶纪		300~3360	石灰岩，板岩 砂岩 粉砂岩		海相环境
542~488	寒武纪		580~4000	石灰岩，页岩 粉砂岩，砂岩 板岩		
542~635	震旦系		80~5060	冰碛岩，砂岩 燧石 石灰岩		陆相—滨海浅海相
785~815	Pt₃	板溪群	440~3800	砂岩，板岩， 泥质岩 砾岩 碳酸盐岩 细臂岩 火山碎屑岩		陆相和火山喷发相
850~825		冷家溪群		砂岩 粉砂岩 复碎屑砾岩		复理石建造

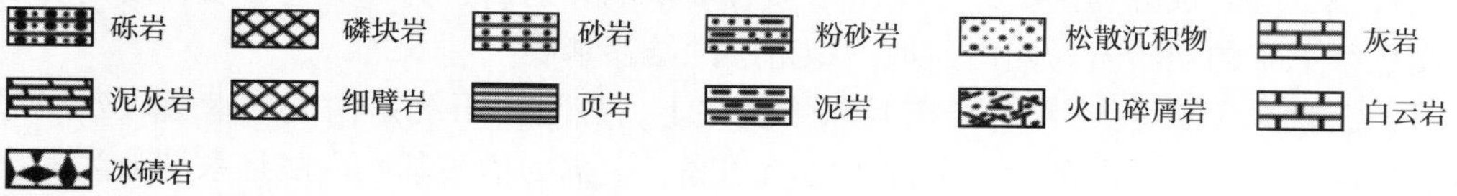

砾岩	磷块岩	砂岩	粉砂岩	松散沉积物	灰岩
泥灰岩	细臂岩	页岩	泥岩	火山碎屑岩	白云岩
冰碛岩					

图 2-1　四川盆地地层综合柱状图

川盆地广泛分布，层序比较完整。震旦系内部自下而上发育了莲沱组（Z_1l）、南沱组（Z_1n）、陡山沱组（Z_2d）、灯影峡组（Z_2dn）。震旦系下统发育莲沱组变余结构碎屑岩和南沱组冰碛岩；震旦系上统发育陡山沱组碎屑岩建造的陡山沱组和碳酸盐岩夹硅质岩和泥岩的灯影峡组。

（2）寒武系（$\in$）：与下伏地层整合接触，在川渝地区，寒武系为地台型建造的未变质地层，厚约 620~1330m。寒武系在四川盆地广泛分布，自下而上发育麦地坪组（$\in_1m$）、筇竹寺组（$\in_1q$）、沧浪铺组（$\in_1c$）、龙王庙组（$\in_1l$）、陡坡寺组（$\in_2d$）、十字铺组（$\in_2s$）和洗象池组（$\in_3x$）。整体为稳定台地相沉积，下部岩性以碎屑岩为主，"拉张槽"内、川东和川东北局部发育硅质岩，中上部为巨厚的碳酸盐岩沉积。岩性东西部存在差异，川西砂岩向东过渡为碳酸盐岩，各组的地层厚度整体为东厚西薄。

（3）奥陶系（O）：与下伏地层整合接触；在全区分布广泛，且均为海相沉积。但在四川东部盆地区仅出露于攀西区、盆地周围和华蓥山中部，盆地内大部分地区奥陶系均深埋地腹；在盆地区为地台型沉积，地层发育齐全，四川西部为冒地槽型沉积，厚约 320~960m。盆地西部以近源海相碎屑岩—碳酸盐岩为主，东部以远源碳酸盐岩—泥岩为主，地层厚度具有东厚西薄特征。自下而上发育桐梓组（O_1t）、红花园组（O_1h）、湄潭组（O_1m）、大湾组（O_2d）、宝塔组（O_2b）、涧曹沟组（O_3c）和五峰组（O_3w）

（4）志留系（S）：与下伏地层整合接触；在东部龙门山中南段、峨眉山和石棉、攀枝花一带大面积缺失，四川东部，出露于盆地周缘和华蓥山背斜的核部，在威远、泸州以滨海、浅海碎屑岩、碳酸盐岩为主，下统为笔石页岩相，中统、上统为介壳相；厚约 360~1440m。残留志留系底部龙马溪组（S_1l）深水陆棚相以笔石页岩为主，中部石牛栏组（小河坝组）（S_1s）以浅水陆棚相自下而上由钙质泥岩向灰岩过渡，顶部韩家店组（S_2h）以潮坪相碎屑岩为主。志留系沿川中隆起周缘分布，地层厚度向隆起区减薄。顶部与上古生界不整合接触。

（5）泥盆系（D）：与下伏地层整合接触；在剥蚀区假整合接触，在四川东部，主要分布于龙门山、二郎山、越西碧鸡山及盐边一带；在酉阳、秀山、彭水、黔江及巫山地区，仅有中泥盆统—上泥盆统零星分布；其余地区大面积缺失，为一套碎屑岩、碳酸盐岩；厚度 0~3360m。

（6）石炭系（C）：与下伏地层整合或假整合接触，分布不广，除达川、盐源一带有上统分布，龙门山一带较集中外，其余大面积缺失；下统为碳酸盐岩夹少许紫红色砂、泥岩及赤铁矿，上统全为碳酸盐岩；厚约 0~680m，局部夹白云岩含燧石结核。盆内残留的地层主要是分布于川东地区的中石炭统黄龙组（C_2h）

（7）二叠系（P）：与下伏地层整合接触；川渝黔地区分布广泛，发育良好，除"康滇古陆"区无沉积外，其余广大地区均有沉积，为海相、海陆交互相和陆相沉积；厚约 400~800m。二叠系在四川盆地广泛发育，但层序发育不全，普遍缺失下二叠统。中二叠统发育栖霞组（P_2q）和茅口组（P_2m），岩性以海相碳酸盐岩为主。上二叠统岩性存在较大差异，川西和川南地区以陆相基性火山岩为主，向盆内过渡为海相碎屑岩和碳酸盐岩夹煤层，发育吴家坪组（P_3w）、长兴组（P_2ch）。

（8）三叠系（T）：与下伏地层整合接触；在川渝地区分布广泛，发育齐全，沉积类型多样，四川东部，下统由海陆交互相、浅海相砂、泥岩、碳酸盐岩组成；中统主要为深湖相蒸发岩；上统以陆相含煤沉积为主；厚约 1394~2800m。上—中三叠统在四川盆地广泛分布，以海相碎屑岩和碳酸盐岩为主，夹膏岩层。下三叠统海相碎屑岩发育在盆地西部，东部发育碳酸盐岩，中三叠统海相碎屑岩发育在盆地东部，西部发育碳酸盐岩。自下而上发育飞仙关组（T_1f）、嘉陵江组（T_1j）和雷口坡组（T_2l）。上三叠统在四川盆地广泛分布，地层整体西厚东薄，发育陆相含煤层碎屑岩为主，底部川西地区发育海陆过渡相碎屑岩沉积。上三叠统发育须家河组（T_3x），须一段、须三段和须五段岩性以泥岩和页岩夹煤层为主，须二段、须三段和须五段岩性以长石石英砂岩夹煤层为主。其中须一段包括马鞍塘组（T_3m，跨洪洞组）和小塘子组（T_3xt）。

（9）侏罗系（J）：与下伏地层整合接触；在四川东部十分发育，层序完整，为一套河、湖相碎屑岩及泥质岩，以紫红色为主；厚度约 1150~4200m。侏罗系在四川盆地广泛分布，为巨厚的红色陆相碎屑岩地层。下侏罗统在盆内分布稳定，岩性主要发育陆相河流相—三角洲相—湖泊相的碎屑岩。中—上侏罗统整体呈东北厚西南薄的特征。自下而上发育白田坝组（J_1b）、东岳庙组（J_1d）、马鞍寨组（J_1m）、大安寨组（J_1d）、凉高山组（J_1l）、沙溪庙组（J_2s）、遂宁组（J_3sn）和蓬莱镇组（J_3p）。

（10）白垩系（K）：与下伏上侏罗统假整合接触；为陆相红色地层，分上、下两统，主要为碎屑岩及泥质岩，局部夹碳酸盐岩，分布在四川东部盆地区和攀西小区；厚度约 0~1200m。白垩系主要分布在川北、川西和川南的坳陷带内，坳陷内沉积厚度较大，其余盆地部位缺失白垩系地层。下白垩统天马山组（K_1t）分布在川西北地区，主要发育冲积扇相和辫状河相沉积（汪泽成等，2002），上白垩统夹关组（K_2j）分布川南地区，上白垩统主要发育风成沙丘和湖泊相沉积的碎屑岩。

（11）古近系（E）和新近系（N）：与下伏地层整合接触；主要分布在四川盆地区的西部、南部，攀西区的盐源、西昌、会理一带，以及四川西部的松潘、阿坝、木里等地区；厚度约 0~1350m。

（12）第四系（Q）：与下伏地层整合接触；岩性主要为砾石层、砂砾层、砂层、粉砂层、粉砂质黏土层、黏土层，以河流冲积相沉积为主；厚度约 0~350m。

2.1.2 构造特征

四川盆地位于扬子准地台西部，北邻秦岭褶皱带，西邻松潘甘孜褶皱带，盆地基底形成于扬子旋回。四川盆地是一个中生代—新生代复合的沉积盆地，自震旦纪至第四纪经历了多次构造运动，沉积总厚度约 6000~12000m。

四川盆地属"扬子准地台"上的一个次一级构造单元（图 2-2），是由褶皱和断裂围限起来的一个巨大构造盆地，为多种构造动力成因的多期原型盆地复合体，具典型多旋回、多层次结构、多期构造动力和构造变动等特点。上扬子准地台内呈菱形展布的深大断裂的演化，控制着四川盆地的形成和盆地内断褶构造的发展，致使盆地呈现出明显的菱形边框，NE 向延伸稍长，NW 向延展较短。在晚期，四川盆地 NE 向深断裂表现出较明显的压剪性特征，NW 向深断裂受到 NE 向深断裂的断错和改造，使得西北部和东南部两侧边界较整齐，东北和西南两侧边界表现出锯齿状。菱形盆地轮廓清晰，与周围构造区特征明显不同，易于辨别。

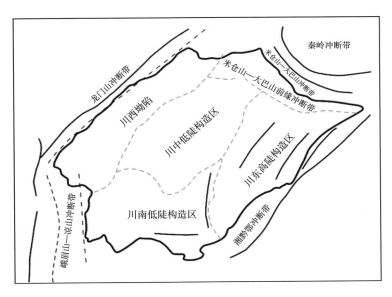

图 2-2　四川盆地大地构造位置（据《四川石油志》，1989）

环绕盆地外围，西北和东北一侧有龙门山、大巴山台缘断褶带，继而向外过渡到松潘—甘孜地槽褶皱系和秦岭地槽褶皱系，其中东北北大巴山台缘断褶带，向外过渡为秦岭槽区断褶系；东南和西南一侧有滇黔川鄂台褶带，自东而西可再划分出八面山断褶带、娄山断褶带和峨眉山—凉山块断带等低一级构造单元。盆地外围这些构造单元地层组成与地台内地层组成在沉积相上有一定的相似性，属扬子准地台内通过深断裂的演化而形成的次一级构造单元。晚侏罗世，雪峰—武陵山造山带推进到齐岳山一带，晚侏罗世之后形成齐岳山断裂以西的主体构造，主要呈现 NNE 向隔档式褶皱变形，其形成受到走滑作用控制。早白垩世前锋带继续向西推至达县—华蓥山一线，大致以华蓥山断裂为边界，构成川东构造带的东部弧形构造带和南大巴山弧形构造带。龙门山、大巴山台缘断褶带和滇黔川鄂台褶带在构造和地形上构成了四川盆地周缘的山地。秦岭—大别山造山带自北向南形成大规模的滑脱推覆构造，并形成山前坳陷，早白垩世以后自秦岭由北而南的挤压应力波及今四川盆地，盆地北部陆相沉积结束，进入风化剥蚀阶段，汉南隆起在挤压作用下发生构造变形，盆地北部受影响，发育一些宽缓的背斜。因滑脱推覆和（或）褶皱隆升，盆地北界自侏罗纪以来向南迁移了 70km 以上，纬度由北纬 33° 左右转为北纬 32° 20′。喜马拉雅期继续继承燕山期构造活动方式，继续向南逆冲推覆。

在四川盆地的形成过程中，构造格局受不同时期发展起来的深大断裂控制十分明显。这些不同的方向深大断裂（指基底断裂和壳断裂），不仅控制着盆地的边界，同时还控制着在不同地史阶段的盆地区域性岩相变化、构造线展布以及构造区划等。

龙门山、城口、安宁河等纵向切割深、规模大、延伸远的断裂都发生在晋宁期，很大程度影响了断层两侧地质构造和周边古陆变迁及构造发展。龙门山深断裂呈北东向延伸，是划分扬子准地台与西北侧松潘—甘孜地槽区的边界断层，长期以来其两侧沉积建造和地层厚度差异明显。晚三叠世以后，地槽区回返上升为陆，四川内陆湖盆西北一侧的沉积边界固定。城口深断裂为扬子准地台与秦岭地槽区的分界线，呈北西走向。其两侧下古生界变化明显，加里东运动后，北侧地槽区回返，形成盆地东北边界古陆区。安宁河深断裂控制着康滇地轴西缘的南北向坳陷带，对盆地西南一侧的地质构造起着重要的作用。除了上述深断裂外，还存在不同地史阶段形成和发展起来的次一级深大断裂—基底断裂，其对盆地边界形成、盆地内部隆起和坳陷带变迁，以及区域岩性、岩相变化都起着重要的控制作用，一般生成时间较早，如北东向的彭灌断裂、华蓥山断裂、建始—郁江断裂；南北向的普雄河—小江断裂、遵义—松坎断裂；北西向的峨眉山—瓦山断裂等。其演化历史都可追溯到加里东期，把扬子准地台震旦系下统基底分割成不同块体，在以后继承、发展，并不断得到加强和改造，成为控制和影响不同沉积阶段盆地面貌和内部结构的重要因素。印支期以后，北东向断裂更加活跃，对四川盆地后期北东向为主构造格局的形成产生深远影响。

四川盆地位于扬子准地台西部，以华蓥山、龙泉山两个背斜带为界划分为三个构造区，进一步又可以分为 6 个次一级构造区，分别为华蓥山以东之川东南构造区（川东高陡褶皱带和川南低陡褶皱带）、龙泉山以西之川西北构造区（川北低平褶皱带和川西低陡褶皱带）、华蓥山与龙泉山之间之川中构造区（川中平缓褶皱带和川西南低陡褶皱带）。

2.1.3 四川盆地区域构造演化

四川盆地是一个特提斯构造域内长期发育、不断演进的古生代—中新生代海陆相复杂叠合盆地，大致可以分为从震旦纪到中三叠世的克拉通和晚三叠世以来的前陆盆地两大演化阶段。克拉通盆地阶段又可进一步划分为早古生代及其以前的克拉通内坳陷和晚古生代以后的克拉通裂陷盆地阶段（图 2-3）。在克拉通盆地演化阶段，大型隆坳格局控制形成了分布面积广、沉积厚度大且以海相碳酸盐岩和页岩等为主的下部地层；前陆盆地演化阶段，盆地沉降—沉积中心由川东转移至川西并发生了跷跷板式的区域构造运动，打破了长期以来的构造发展格局及演化轨迹，除盆地西部山前带地层保存完好并继续接受上构造层的陆相沉积以外，盆地东部地区构造逆冲及回返强烈。

四川盆地区隶属于中—上扬子地块，其构造演化受控于扬子板块的演化，是中—上扬子沉积盆地的一部分（图 2-4）。扬子板块现今构造格局是多期构造运动叠加作用的结果，按其构造发育演化特征，可划分为伸展—收缩—转化的 3 个巨型旋回，即：早古生代原特提斯扩张—消亡旋回（加里东旋回）、晚古生代—三叠纪古特提斯扩张—消亡旋回（海西—印支旋回）、中生代—新生代新特提斯扩张—消亡旋回（燕山—喜马拉雅旋回）。

四川盆地在地质历史时期经历过多期构造运动和沉积演化，可划分为 5 个演化阶段：

（1）震旦纪（可能包括新元古代）至早奥陶世加里东早期伸展阶段。

（2）中奥陶世至志留纪加里东晚期收缩阶段。

（3）晚古生代至三叠纪海西—印支期伸展阶段。

（4）侏罗纪至早白垩世燕山早—中期的总体挤压背景下的伸展裂陷阶段。

（5）晚白垩世至喜马拉雅期挤压变形阶段。

2.1.3.1 震旦纪—早奥陶世（加里东早期）

加里东早期，四川盆地构造作用以区域隆升和沉降为特征，表现为"大隆大坳"特征，总体以稳定沉降为主。研究区主要为地块区的陆表海，多为滨—浅海环境，沉积建造以稳定型内源碳酸盐岩为主。

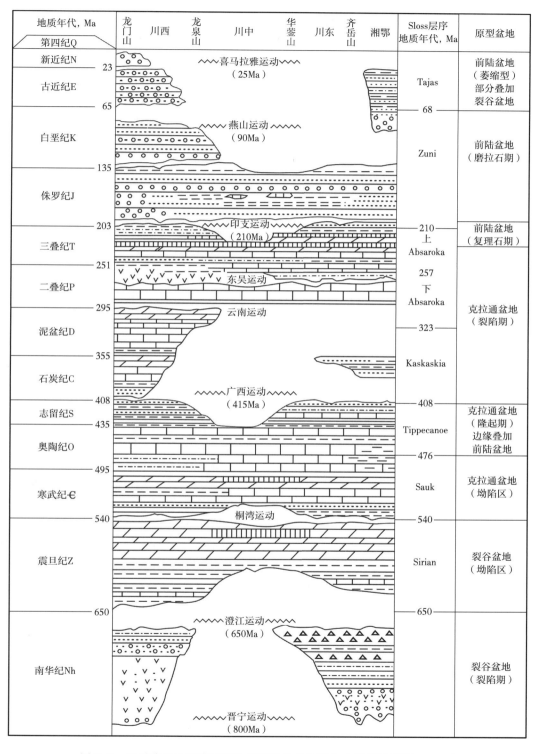

图 2-3　四川盆地及周缘层序地层格架及盆地演化（据刘树根等，2017）

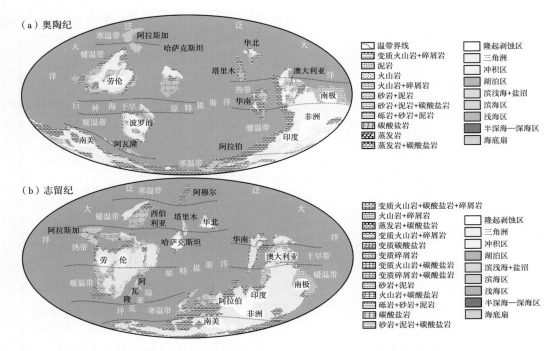

图 2-4　早志留世—中晚奥陶世扬子板块所处大地构造位置图（据张光亚等，2019）

2.1.3.2　中奥陶世—志留纪（加里东晚期）

中奥陶世以来，扬子板块与华夏板块作用强烈，包括四川在内的中、上扬子地区处于前陆盆地演化阶段，导致早期台地相碳酸盐岩被盆地相黑色页岩、碳质硅质页岩、硅质岩（上奥陶统五峰组）和黑、灰黑色砂质页岩、页岩（下志留统龙马溪组）所覆盖，反映了台地的最大沉降事件与台地的被动压陷和海平面相对上升相关。在此阶段主要经历了三次挤压—挠曲沉降—松弛—抬升过程，一是中奥陶世湄潭期—晚奥陶世临湘期，二是晚奥陶世五峰期至早志留世龙马溪期，三是早志留世石牛栏期至中志留世。

晚志留世末期的加里东运动（广西运动），是一次规模巨大的地壳运动，造成中、上扬子台地的广泛隆升与剥蚀，志留系也受到不同程度的剥蚀，加之沉积时的差异，导致区域上残留厚度的不一致。

川中地区隆升为川中古陆，并广泛地发生地层剥蚀，导致较大地区志留系被全部剥蚀。此时，研究区位于该古陆的东南翼斜坡上，受地壳升降运动的影响，持续保持隆升状态，直至早二叠世海侵。

2.1.3.3　晚古生代—三叠纪（海西期—印支期）

（1）早二叠世末期。东吴运动使本区又一次上升为陆，普遍遭受风化剥蚀，形成岩溶地貌和上二叠统—下二叠统间的平行不整合接触。同时，在川南泸州带，已开始出现NNE向的水下隆起雏形，但隆起幅度甚为平缓。

（2）晚二叠世龙潭期海侵。四川盆地周边地区古陆范围较早二叠世有所扩大。其中以康滇古陆活动较为剧烈，其不仅使早二叠世以岛链形式出现的古陆连成一体，而且还使整个川南地区在晚二叠世的沉积基面呈现出西南高，东北低的古地理特征。

（3）海西期。四川盆地的构造运动主要表现为地壳拉张运动，盆地周缘出现张性断陷。

（4）早三叠世海侵。盆地仍继承晚二叠世海盆东深西浅的特点。至中三叠世，受江南古陆不断向西北方向扩大的影响，上扬子海盆发生根本性变化，与早三叠世相反，海盆变为西深东浅，大量陆源碎屑从东侧进入海盆。

（5）印支期以来，随着盆地周缘地区褶皱抬升，四川盆地也日益向内压缩，不同组系构造与周边相邻山系一致，变形强度由外向内逐渐减弱。江南古陆向西扩展，其前缘坳陷向内侧迁移且褶皱运动自东而西逐幕加强，盆地东南边界向后收缩等，显然是受太平洋板块俯冲作用的影响；龙门山褶皱成山、前缘凹陷中发育磨拉石建造、以龙门山逆冲断层为主的逆掩构造带的出现，则可能受特提斯洋板块向北俯冲和后来印度次大陆和亚洲大陆相互碰撞作用的结果。

（6）中三叠世末（早印支期），整个四川盆地构造表现为龙门山崛起并向南东推覆。伴随印支运动的发生，又一次出现大规模海退，并形成北东向的泸州—开江古隆起。本区地处泸州古隆起较高部位及东南斜坡地带。

（7）晚三叠世初，本区进入陆相沉积阶段。三叠纪末的晚印支运动，使盆地周缘的山系抬升。该时期泸州古隆起受到的主要是近南北向的挤压应力，使上三叠统遭受剥蚀，形成上下地层间的沉积间断。

2.1.3.4 侏罗纪到早白垩世（燕山早—中期）

侏罗纪，江南古陆西侧出现陆内坳陷，陆相湖盆沉积达到鼎盛时期。晚侏罗世末，燕山运动使研究区抬升而遭受强烈剥蚀。早白垩世晚期，习水、古蔺断裂开始出现南抬北降，赤水、泸州、宜宾、乐山、雅安一带接受 K_1 末—K_2—E 沉积。该时期泸州古隆起继承性发展，隆起幅度变小，中心开始南移，隆起构造长轴由北东向转变为近东西向。

2.1.3.5 晚白垩世到现代（燕山晚期—喜马拉雅期）

该时期本区褶皱变形强烈，研究区主要受来自东南—北西向的挤压作用，并在不同刚性基底拼接地带与周缘山系或古陆交会处形成扭动力。区内沉积盖层全面褶皱、断裂变形，形成现今构造面貌。区内主要经历了三幕构造作用：

（1）燕山晚期Ⅰ幕：川南地区褶皱变形，并抬升为陆，大范围内的沉积活动结束。受秦岭造山带向南的推覆作用、继承性泸州古隆起的阻挡、东西向娄山大断裂带向北的压缩等影响，研究区形成近东西向构造。

（2）燕山晚期Ⅱ幕：区内隔挡式高陡构造带和帚状构造带形成。该时期主要受来自盆地东南边界的大规模挤压应力作用，整个边界作用应力分布不均匀，主要集中在盆地东南边界的中、北段，南端作用力较小。从中段向南，作用力逐渐减小，在中南段形成一个东北端大、西南端小的力偶。在该力偶的作用下，东北段的作用力方向由北西方向逐渐向西南方向发生偏转，至西南端的赤水地区，作用力已旋转至南西西方向。从而在研究区形成近南北向构造，叠加在近东西向构造之上，呈反接和斜接复合。

（3）喜马拉雅期：从区域背景分析，四川盆地应受到 3 种方式的应力作用。首先，始新世中期，印度板块与欧亚板块发生碰撞，由此影响四川盆地，形成 NNE 方向的区域性挤压应力场；渐新世—中新世，太平洋板块向 NWW 向俯冲，受此影响，四川盆地受 SE（NW）方向的挤压应力场作用，形成 NNE 向构造。川东地区受燕山期构造的干扰，在盆地的南北边缘形成一些 NE 或 NNE 向构造。受到来自汉南刚性地块和大巴山方面的压应力，形成南部东西向构造和北部大巴山弧形构造带，据复合构造分析，可能形成于上新世。在盆地的东西两侧，由于受到川中刚性地块的梗阻，形成剪切效应，发育剪切断裂。

总体来说，自中生代以来，太平洋板块大规模向西北方向俯冲，在中国东部形成强大的北西向压扭性应力场，为四川盆地构造变形的动力来源。受到这种区域性应力场与周缘深断裂压剪性活动和基底性质的控制，深层控制浅层，基底控制盖层构造，断裂支配褶皱，共同构成盖层内断褶构造演化的机制。伴随这些断褶的发育和发展过程，大量的断层及背斜构造发育。研究区构造复合叠加区中的东西向构造，在黔中古隆起向北的构造挤压力作用下形成较早，为燕山晚期Ⅰ幕；南北向构造较晚，为燕山晚期Ⅱ幕；东西向大断层于喜马拉雅期重新活动，改造早期形成的东西向和近南北向构造；晚期北北西向构造在四川盆地东部边缘北西向构造在南端的派生应力（南西西向）作用下形成。

2.1.4 四川盆地页岩气特征

页岩气成藏主要影响因素有 TOC、R_o、厚度分布和有机质类型等因素，四川盆地纵向发育多套烃源岩，具备页岩气成藏条件，

通过纵向上的比较，下志留统龙马溪组页岩气有机质类型以Ⅰ型为主，海相页岩空间分布较为稳定，单层厚度大，有机质含量高，是目前页岩气开发的重点层系。结合地层层序及接触关系、岩性组合、古生物组合等特征，志留系地层划分标准采用邓鸿斌等提出的统一划分对比方案（图2-5）。志留系底界以龙马溪组底部的单笔石化石和五峰组顶部观音桥段的壳相化石组合群为划分标志。

系	统		阶	大巴山—华蓥山	龙门山	渝东南	川西南		川南
	上覆地层			P_1	D_2g/P_1l	P_1	P_1		P_1
志留系	上统	普利多利统	8		车家坝组				
		拉德洛统	卢德福德阶						回星哨组
			戈斯特阶		金台观组（上红层）	回星哨组	回星哨组		
	中统	文洛克统	侯默阶						韩家店组
			舍因伍德阶	韩家店组	宁强组（纱帽群）	韩家店组	大关组（底为下红层）		
	下统	兰多弗里统	特里奇阶	小河坝组	罗惹坪组	小河坝组	石牛栏组	罗惹坪段	石牛栏组
								彭家院段	
			埃朗阶	龙马溪组	龙马溪组	龙马溪组	龙马溪组		龙马溪组
			鲁丹阶						
	下伏地层			O_3w 五峰组	O_3b 宝塔组	O_3w 五峰组			

图 2-5　四川盆地及周边地区志留系划分对比方案表（据邓鸿斌等 2010）

2.1.4.1 下志留统页岩

志留系在乐山—龙女寺古隆起核部已被全部剥蚀，盆地内分布面积约 $13.7 \times 10^4 km^2$。烃源岩主要为其下统的盆地相黑色页岩和深灰色泥岩，平均厚度203m，厚度变化为100~700m，其中，黑色页岩厚度变化为20~120m，大致具盆地东南厚西北薄的分布特

征。在盆地东部和南部，烃源岩厚度一般大于 150m，池 7 井和阳深 1 井分别厚 822.5m 和 846.6m。在盆地中西部和北部，厚度多小于 50m，龙一段和龙二段厚度分布相似，说明沉积环境上具有一定继承性（图 2-6、图 2-7）。

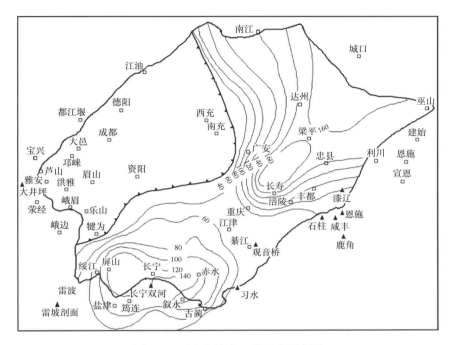

图 2-6　下志留统龙 1 段页岩厚度图

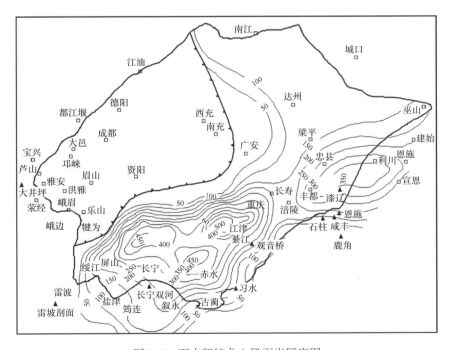

图 2-7　下志留统龙 2 段页岩厚度图

泥质烃源岩含丰富的笔石,有机碳含量普遍较高,一般分布于 0.4%~1.6% 之间,具有盆地东南部有机碳丰度值高、中西部地区丰度值低的特点。在川东北及泸州、永川等地区,有机碳含量一般在 1% 以上。志留系烃源岩有机质类型好(主要为 I 型),生烃能力强,是川东石炭系气层的主力烃源层。目前烃源岩有机质成熟度较高,R_o 为 2.0%~4.5%,均达到过成熟阶段,以生成油型裂解气为主。

2.1.4.2 志留纪沉积演化

根据龙马溪组沉积物岩性特征及古生物特征,从时间上将其分为早、晚两期。龙马溪早期(*Glyptograptusperscuptus* 带到 *Pristiograptusleei* 带),继承了五峰期的沉积特点,主要为黑色碳质、硅质页岩和灰黑色钙质泥岩组合;龙马溪晚期(*Demirastritestriangulates* 带到 *Monograptussedgwickii* 带),为灰绿、黄绿色泥岩、粉砂质泥岩和粉砂岩组合,沉积速率大。长宁区块龙马溪组地层具有深水陆棚相沉积特征,自下而上可分为龙一段和龙二段,其中龙一段可分为三个小层,龙一$_1$ 段岩性主要为黑色、灰黑色页岩,页岩中水平层理非常发育,见黄铁矿,主要为富有机质陆源硅质泥棚相和富有机质生物硅质泥棚相沉积,显示当时处于低能的还原沉积环境,水动力较弱;龙一$_2$ 和龙一$_3$ 段岩性为深灰色灰岩及泥质灰岩,水平层理发育,黄铁矿沉积发育,同样反映为低水动能条件下的沉积。龙二段主要为泥质粉砂棚相沉积,岩性主要为灰质粉砂质泥岩和灰泥质粉砂岩,水体较龙一段浅。龙马溪组地层自下而上,泥质含量减少,灰质含量增加,反映水体由深变浅的沉积过程。底部页岩灰质含量高,反映当时沉积时期的水体盐度较高(图 2-6、图 2-7)。

自中奥陶世末,除扬子北缘的古秦岭边缘海仍保持着被动边缘的性质外,扬子地区表现为挤压收缩的构造背景,中奥陶世至早志留世,华南和江南海域自东南向西北不断褶皱成陆,沉积盆地的中心逐渐向北西方向迁移,受其影响,与川东南相邻的湘鄂西地区,构造演化由早、中奥陶世的构造稳定、盆地充填补齐作用为主,进入前陆盆地构造演化阶段。

早志留世龙马溪期是中国南方挤压阶段最强烈的时期,区域上华南海成为褶皱带并产生强烈的向北西方向推挤作用,华夏古陆向北西方向推进,除钦防地区以外的华南地区大多上升为陆,华南海盆不断向西北迁移,扬子地块周围的古陆上升,构成研究区志留纪沉积充填的主要供源区,也导致了前陆盆地的演化和发展与研究区内的区域性差异升降、沉积相分异。研究区相对海平面处于较低的位置,在周缘古陆的阻隔下,形成了龙马溪早期闭塞、半闭塞的滞留海盆环境,发育黑色碳质、硅质页岩,富含黄铁矿和笔石化石,主体为局限的泥质深水陆棚沉积。沉积厚度为 40~200m 不等,泸州—永川为龙马溪早期的一个沉积中心。龙马溪晚期沉积格局与龙马溪早期相比变化较大,深水泥质陆棚范围相对收缩,仅发育于泸州—綦江一线,浅水陆棚成为研究区主体沉积环境,沉积厚度一般为100~450m,最厚为泸州阳高寺,厚度达 463m。沉积中心主要在泸州—永川等地区,沉积厚度均大于 400m。泥质深水陆棚分布于泸州—綦江一线,岩性以灰黑色泥岩为主,见笔石化石。泥质浅水陆棚主要分布于黔中古陆以北,至大关—桐梓—秀山一线和重庆以北地区,岩性为灰绿色、黄绿色泥岩,为该时期沉积的主体。随着川中乐山—龙女寺古隆起和雪峰山古隆起的形成并扩大,使研究区志留纪沉积充填过程中,海域不断缩小,水体深度不断变浅,龙马溪期古地理演化由龙马溪早期的以深水陆棚为主开始,到龙马溪晚期深水陆棚区逐渐缩小、浅水陆棚区不断扩大,至石牛栏期,完全为浅水陆棚的沉积环境所取代。

到石牛栏组沉积期，滞留海盆环境被广海环境取代，上扬子地区大部分出现了比较正常的滨浅海环境，碳酸盐岩为生物礁灰岩、厚层介壳灰岩和白云岩等，大量的底栖介壳类生物取代笔石，底栖生物中以腕足类、腹足类、三叶虫等最为发育。白沙组沉积期海平面下降，发育紫红色、灰绿色、黄绿色的粉砂质泥岩、砂岩、页岩、泥岩，波痕、斜层理发育，生物门类骤减，多为腕足类和双壳类。

中志留统秀山组沉积初期广泛海侵。上扬子地区普遍发育滨浅海相碎屑岩，曲靖、昭通一带成为与外海相通的海湾，发育滨浅海相页岩夹砂岩及灰岩，富含底栖生物化石；康滇古陆东侧和滇黔桂古陆北侧以潮坪相砂泥岩夹生物碎屑泥灰岩沉积为主，具潮汐层理和潮道内碎屑沉积。秀山组沉积晚期，因华夏古陆进一步隆起并向 NW 推挤，上扬子地区海盆变浅，沉积物中粗碎屑增加。

2.1.4.3　龙马溪组页岩分层

对威远、长宁及周边露头的黑色页岩笔石生物分层划带，精细划分五峰组和龙马溪组黑色页岩为 13 段，认为 WF_1-LM_5 段是优质储层段，发育叉笔石、尖笔石、轴囊笔石和冠笔石带，其中 TOC 含量一般 2.5%~9.4%，平均大于 4%，含气量大于 $3m^3/t$，页岩气水平井最佳水平井巷道位于 WF_1-LM_5 层段；LM_6-LM_9 段是次优储层段，发育冠笔石、耙笔石和螺旋笔石带，TOC 一般 1%~3.5%，平均 2%，含气量评价 1~$3m^3/t$（图 2-8）。

统	阶		生物带			组
兰多维列统	特列奇阶	N_2	*Spirograptus turriculatus*		438.13,Ma	南江组
		LM_9/N_1	*Spirograptus gucrichi*		438.49	
	埃隆阶	LM_8	*Stimulograptus sedgwickii*		438.76	龙马溪组
		LM_7	*Lituigraptus convolutus*		439.21	
		LM_6	*Demirastrites triangulatus*		440.77	
	鲁丹阶	LM_5	*Coronograptus cyphus*		441.57	
		LM_4	*Cystograptus vesiculosus*		442.47	
		LM_3	*Parakidogr acuminatus*		443.40	*Eospurifer*
		LM_2	*Akidograptus ascensus*		443.83	
上奥陶统	赫南特阶	LM_1	*Persculptogr persculptus*		444.43	*Hirnantia Fauna* 观音桥层
		WF_4	*Normalogr extraorainarius*		445.16	
	凯迪阶	WF_3	3c	*Diceratogr mirus*	445.37	*Manosia* 五峰组
			3c	*Tangyagraptus typicus*	446.34	
			3c	*Lower Subzone*	447.02	
		WF_2	*Dicellograptus complexus*		447.62	
		WF_1	*Foliomena–Nankinolithus*			涧草沟组

图 2-8　四川盆地五峰组—龙马溪组页岩分层柱状图（据陈旭，2013）

2.1.4.4　有机质特征

与常规气藏不同，页岩气藏的页岩有机质含量不仅决定了页岩的生烃能力，还影响页岩储层的孔隙空间和吸附能力，对于页岩气藏含气量起着决定性的作用。从实测数据来看，长宁志留系及威远志留系、寒武系三个页岩气藏中的页岩有机质含量与页岩颜色、自然伽马曲线密切相关：随颜色加深，页岩中 TOC 含量增加；且页岩中 TOC 富集段一般处于自然伽马曲线高值段。长宁地区龙马溪组底部龙一$_1$段至五峰组页岩层段（33.4~49.8m）TOC含量较高，在2.00%~4.20%，自上而下TOC含量逐渐增大，各井测井解释差别不大。区内龙马溪组干酪根类型以Ⅰ型为主，组分以腐泥组和沥青组为主，其中腐泥组含量为71%~90%，沥青组含量10%~22%，不含壳质组，不含或微含镜质组、惰质组。根据原岩反射率分析资料统计，N201井龙马溪组反射率R_o值分布范围2.76%~2.95%；N203井龙马溪组反射率R_o值分布范围2.54%~2.77%，区内R_o值大于2.0%，说明有机质演化已达过成熟阶段，以产干气为主。

N201井龙马溪组最具潜力优质页岩层段LM$_5$-WF$_1$（2504~2525m）自然伽马值平均为198API，TOC分布范围为2.5%~4.5%，平均3.5%；优质页岩段（2479~2504m）自然伽马值平均为155API，TOC分布范围为1.0%~3.0%，平均2.0%；其他页岩层段TOC值大多小于2.0%（图2-9）。N203井WF$_1$-LM$_5$最具潜力优质页岩层段（2377~2396.4m）自然伽马值平均为187API，TOC分布范围2.5%~6%，平均4%；LM$_6$-LM$_9$优质页岩（2363~2377m）自然伽马值平均值为161API，TOC分布范围1.0%~4.0%，平均2.5%；龙一$_2$页岩段（2293~2363m）自然伽马值平均为149API，TOC平均1%；其他页岩层段TOC值小于1%。N208井WF$_1$-LM$_5$页岩层段（1304~1323m）自然伽马值平均为211API，TOC分布范围为3.0%~5.0%，平均3.2%；LM$_6$-LM$_9$页岩层段（1285~1304m）自然伽马值平均为179API，TOC分布范围为2.0%~3.0%，平均2.3%；其他页岩层段TOC小于1.5%。

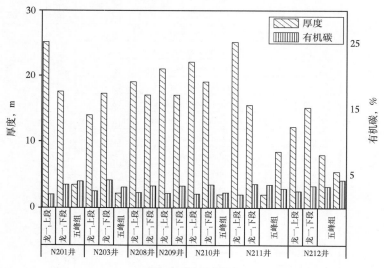

图2-9　长宁区块页岩气井有机碳含量图

N209井WF$_1$-LM$_5$页岩层段（3155~3174.5m）自然伽马值平均为190API，TOC分布范围为3.0%~4.0%，平均3.3%；LM$_6$-LM$_9$页岩层段（3134~3155m）自然伽马值平均为164API，TOC分布范围为2.0%~2.5%，平均2.2%；其他页岩层段TOC小于0.5%。N210井WF$_1$-LM$_5$页岩层段（2217~2243m）自然伽马值平均为178API，TOC分布范围为3.0%~7.0%，平均3.5%；LM$_6$-LM$_9$页岩层段（2194~2216m）自然伽马值平均为160API，TOC分布范围为2.0%~5.0%，平均2.1%；其他页岩层段TOC小于2%。N211井龙马溪组

WF_1-LM_5页岩层段（2333~2357m）自然伽马值平均为185API，TOC分布范围为2.0%~8.0%，平均4.1%；LM_6-LM_9页岩层段（2308~2333m）自然伽马值平均为160API，TOC分布范围为1.0%~3.0%，平均2.0%；其他页岩层段TOC小于2%。N212井龙马溪组WF_1-LM_5页岩层段（2091.9~2112.5m）自然伽马值平均为203.6API，TOC分布范围为3.0%~6.0%，平均3.5%；LM_6-LM_9页岩层段（2073.7~2091.9m）自然伽马值平均为160.4API，TOC分布范围为2.0%~3.0%，平均2.5%；其他页岩层段TOC小于2%（图2-9）。

2.1.4.5　页岩岩矿特征

从区内完钻井 W201 井、W202 井、W203 井、N201 井、N203 井、N208 井、N209 井、N210 井、N211 井、N212 井岩心全岩 X 射线衍射分析资料来看，区内龙马溪组地层岩石矿物组成以石英等脆性矿物为主，石英含量在47%~65%，长石以斜长石为主，含量一般在10%以下，龙马溪组底部长石含量一般在1%~5%，方解石含量大约在10%~20%，白云石含量一般小于10%，黏土矿物含量一般在20%~40%，而最具潜力的龙一₁下段至五峰组优质页岩黏土矿物含量相对较低，含量一般在15%~30%（图2-10）。页岩整体上呈现脆性特征，富含石英，易压裂。

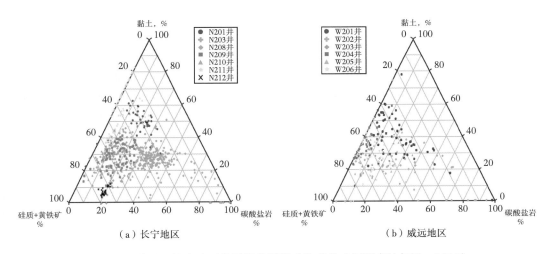

图2-10　威远—长宁地区龙马溪组页岩矿物成分（据西南油气田，2014）

根据各示范区页岩的矿物组分、扫描电镜、薄片鉴定与综合测井曲线，分析划分其页岩类型。从矿物组成上看，富气的石英含量均在30%以上，威远和昭通龙马溪组页岩黏土含量较高，威远筇竹寺组黏土含量较低，昭通龙马溪组碳酸盐矿物含量较高（图2-11）。

长宁龙马溪组页岩矿物组分中石英含量较高，黏土含量中等，碳酸盐含量较低；根据薄片鉴定和测井曲线分析，岩性主要为深灰色/灰黑色页岩，夹深灰色砂质页岩，将其划为硅质页岩。威远龙马溪组页岩矿物组分中黏土、石英含量均较高，碳酸盐含量较低；根据薄片鉴定和测井曲线分析，岩性主要为灰黑色、黑灰色、黑色页岩，硅质、泥质含量较重，将其划为泥质/硅质页岩。昭通龙马溪组页岩矿物组分中石英和碳酸盐含量较高，黏土含量相对较高；根据薄片鉴定和测井曲线分析，岩性主要为含灰质砂质泥岩，纤维鳞片状伊—蒙混杂黏土矿物为主，粉泥晶方解石混杂其中，分布均匀，砂质含量较高，分布不均，将其划为钙质/硅质页岩。

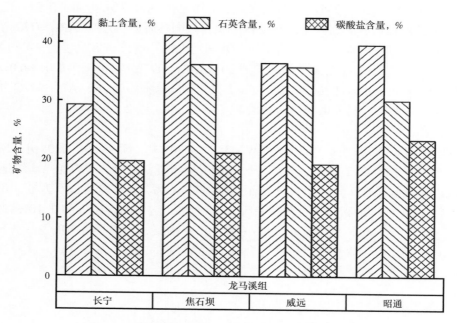

图 2-11 典型页岩气田龙马溪组页岩矿物组分构成

通过对长宁—威远页岩气示范区各个储层的脆性指数判断，威远的筇竹寺组页岩脆性最高，长宁和昭通的龙马溪组页岩次之，威远的龙马溪组页岩脆性相对最低（表 2-1）。

表 2-1 典型页岩气田的龙马溪组页岩脆性指数

页岩气田	层位	脆性指数，%
长宁	龙马溪组	43.2
威远	龙马溪组	39.1
威远	筇竹寺组	45.2
昭通	龙马溪组	41.2

将示范区内不同页岩气区块岩石力学参数进行对比，长宁的龙马溪组页岩及威远的筇竹寺组页岩具有高脆性，威远和昭通的龙马溪组页岩脆性相对较差。这一结果与脆性指标对比结果一致（表 2-2）。

表 2-2 典型页岩气田龙马溪组页岩岩石力学参数对比

区块	层位	杨氏模量 MPa	杨氏模量与评价指标对比	泊松比	泊松比与评价指标对比	脆性
长宁	龙马溪组	36500	> 24000	0.20	< 0.25	较高
威远	龙马溪组	15800	< 24000	0.22	< 0.25	较低
威远	筇竹寺组	31500	> 24000	0.21	< 0.25	较高
昭通	龙马溪组	15500	< 24000	0.20	< 0.25	较低

2.1.4.6　页岩孔渗特征

通过对 N201 井、N203 井、N209 井、N210 井、N211 井、N212 井岩心物性测试分析资料进行统计（表 2-3），龙马溪组底部孔隙度相对较好，最低孔隙度为 3.82%，最高为 9.49%，平均值为 6.13%。

表 2-3　蜀南地区龙马溪组岩心物性参数表

井号	层位	井深 m	样品 个数	岩石密度 g/cm³	孔隙度 %	含水饱和度 %
N201	龙马溪组	2479.14~2503.75	23	2.36~2.64	2.78~10.27	32.40~67.75
	龙马溪—五峰组	2504.62~2523.44	21	2.36~2.72	3.82~9.49	27.83~63.16
N203	龙马溪组	2098.03~2405.5	306	2.42~2.87	0.47~8.03	8.01~98.8
N209	龙马溪组	2565.19~3166.99	25	2.53~2.75	1.84~5.81	28.9~95.9
N210	龙马溪组	2154.47~2236.75	80	2.37~2.81	1.32~7.09	4.24~96.04
N211	龙马溪组	2205.07~2358.19	148	2.46~2.67	1.19~8.73	16.49~77.2
N212	龙马溪组	2010.62~2067.16	67	2.56~2.72	0.74~7.76	24.3~84.42

根据测井资料，N203 井龙马溪组龙一$_1$段—五峰组孔隙度平均 4.0%~6.0%；N208 井龙马溪组底部孔隙度平均 3.6%~5.2%；N209 井龙马溪组底部孔隙度平均 3.3%~6.7%；N210 井龙马溪组底部孔隙度平均 3.4%~5.0%；N211 井龙马溪组底部孔隙度平均 4.3%~5.9%；N212 井龙马溪组底部孔隙度平均 3.9%~6.2%。

根据 N201 等井岩心薄片鉴定分析资料，N201 井龙马溪组地层成岩作用中压实作用相对普遍，个别样品可见石英次生加大现象，水平纹层发育，部分样品见溶蚀缝，面孔率小于 0.1%。龙马溪组页岩气藏孔隙类型以基质孔隙为主。以 N201 井为例，镜下可见岩石含泥质较重，泥质一般呈片状、纹层状分布，孔隙类型以泥质片间隙、云母片间隙等微孔隙为主。部分样品可见微裂缝被碳酸盐岩完全充填。通过电镜研究，发现页岩是纳米级孔隙非常发育的储层（图 2-12），具有存储页岩气的空间。

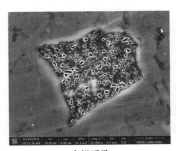
有机质孔

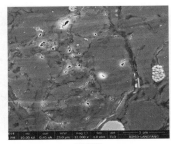
无机孔

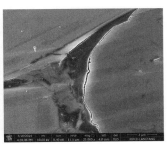
微裂缝

图 2-12　我国南方海相页岩纳米孔隙分布特征图

通过对页岩岩心抽真空、充分浸泡后，再采用离心实验、相对渗透率实验发现页岩具有较高的束缚水饱和度，一般为 80%~95%，平均达到 92% 以上。在页岩勘探开发中，发现富含页岩气页岩孔隙内富含天然气，而含水较少，含水饱和度较低，一般为

10%~40%，这种初始含水饱和度值低于束缚水饱和度值的现象，称为超低含水饱和度。勘探开发实践证实，富气页岩在储层条件下含气饱和度低，贫气的页岩储层条件下含水饱和度高。其原因在于，一方面源岩生烃过程中水分参与了生烃反应；另一方面，页岩气生成过程中烃类排出携带了大量水分，造成地层中的水分大大降低。如果没有后期构造运动所导致的地层水的再次进入，页岩的超低含水饱和度将得以延续，形成了富含天然气的页岩，成为开发的有利目标。因此超低含水饱和度现象将对页岩气的成藏与开发产生重要影响：如果含水饱和度高，水将以束缚水形式大量存在，水分子膜降低了吸附能力，影响吸附量；如果页岩的含水饱和度较高，纳米孔隙中大量充满水，大大降低页岩气储量；超低含水饱和度有利于页岩气渗流和开发，在这种情况下，页岩纳米孔隙中的气体流动呈现滑脱流的流动方式，渗流效率大大高于达西流动，提高了页岩气渗流能力和产量。

2.1.4.7 页岩气超压特征

页岩气的勘探需要寻找含气量高的地区，其资源丰度高，在同样的增产改造规模下，单井 EUR 也较高，经济性也好。页岩含气量等于吸附气、游离气与溶解气之和，与压力系数关系密切。由于北美地质条件稳定，美国页岩气研究者认为超压对于页岩气藏没有那么重要，正常压力、甚至欠压都可以实现商业开发，因此没有将超压作为一个关键指标，但是在我国南方则是一个必需的关键指标。中国与北美的差异主要体现在地质成藏背景不同，北美页岩气产区主要位于环加拿大克拉通盆地，较为稳定，中国则由多个地块拼接构成，总体构造复杂，页岩时代较老。成熟度高低和构造运动的强弱差别是三者的最大差别。北美页岩成熟适中，而我国南方海相成熟度高，孔隙度低；我国构造运动相对活跃，断裂发育，保存条件相对要差。对于我国高成熟、低孔隙度的页岩，同样的含水饱和度就需要较大的地层压力系数以确保地下页岩具有较高的含气量，单井 EUR 达到经济极限，所以需要超压地质条件。

四川盆地位于上扬子地台区，大致处于构造相对稳定、油藏保护条件较好的区域。通过分析，认为四川蜀南地区是目前页岩气勘探开发有利区域。蜀南地区构造背景平缓，总体上断层较少，构造保存条件较好。根据蜀南埋藏—成熟—生烃史，其成藏特征具有巨厚原始沉积的物质基础，振荡沉积与抬升剥蚀残留的丰富源岩，燕山期的深埋成熟生烃，喜马拉雅期的储层改造、调整等四个特点，最终形成现今气藏格局。龙马溪组处于深水陆棚沉积环境，为还原环境滨浅海相，底部暗色页岩沉积稳定，单层厚度大，蜀南、渝东南均有发育，分布广泛。根据地质资料研究，龙马溪组底部暗色泥岩厚度最大达到160m，主要分布在隆昌、壁山、永川超压核心区，向西和向南逐渐减薄，严格受沉积相分布控制，该区地层压力系数在1.6~2.03。根据地震处理解释和储存预测，志留系由北向南，地层厚度呈增大趋势，在纳溪、赤水等地厚度最高达到1300m，埋深由北向南也呈增大趋势，地层压力系数也呈现增加的趋势。

目前，四川盆地及周边页岩含气层段增压机制主要包括构造型增压、水热型增压、黏土矿物脱水型增压、生烃作用型增压。

（1）构造型增压形成机制如下：在泥岩地质演化的过程中，伴随着埋深的增加，页岩成熟生烃，内部压力大幅度升高，部分烃类通过裂隙排出，部分烃类则残留于页岩内部。如果因为构造运动产生后期抬升作用，页岩得以较快的速度抬升到浅部，加之页岩及其上覆地层、下伏地层的渗透性非常差，滞留于页岩中的天然气在短时期内难以散失，因此在相同深度条件下储层压力超过正常压力，形成异常超压现象，称之为构造增压型。如焦石坝页岩气田主要为构造抬升所引起的超压，美国 Hays Neville 页岩的超压也主要是由于构造抬升所形成。

（2）水热型增压形成机制如下：当泥岩沉积后，由于岩石颗粒细小，形成喉道产生较强的毛细管力，内部形成封闭体，呈现超压状态，四周地层为正常压力状态。随着埋藏深度进一步加大，大部分流体排出，部分流体温度随地层温度升高，内部流体发生一定程度的膨胀，引起体积的进一步增大，从而导致地层压力升高。实验表明，泥岩完全封闭后，根据压力与温度之间的关系，其内部孔隙流体温度增加 5℃，可得到压力增加约 3.47 MPa。地层水升温引起的增压作用是页岩气田早期超压的主要原因，这种增压作用机制几乎存在于所有页岩演化过程中。

（3）黏土矿物脱水型增压形成机制如下：在埋藏深度增加过程中，沉积物所受温度和压力不断上升，不断成熟演化，其中的黏土矿物发生相互转化。在蒙脱石向伊利石转化（2700~3700 m）过程中，黏土颗粒中束缚水也发生解吸而运移至粒间成为自由水，由于束缚水密度（1.15g/cm^3）比自由水密度（1.0g/cm^3）大，当束缚水从单层间释放出来，其体积会增大 10%~15%。由于不能及时排出泥岩，封闭体内的流体量增加，导致地层压力系数增加，这种增压作用广泛存在于页岩气的形成过程中。

（4）生烃作用型增压形成机制如下：在泥岩沉积埋藏过程中，地层温度不断升高，泥岩成熟到达生烃门限时，有机质开始生成大量的油气，导致封闭体内的流体增多，地层压力增加。原油或沥青的生成沟通了储层，使得连通性进一步提高，生成的油气一部分排出泥岩，部分残留于泥岩孔隙或裂隙中，随着地层温度的进一步增加，泥岩中残余油气或沥青开始再次裂解生成天然气，充注于页岩孔隙或裂隙中，导致地层压力进一步升高。如长宁页岩气田后期构造抬升作用不明显，主要为生烃增压型页岩气田。

2.2 四川盆地页岩气开发进展

2.2.1 四川盆地页岩气开发概况

目前，国内外商业开发的页岩气为产自富有机质页岩为主要储集岩中的非常规天然气。世界上已经查明的页岩气资源十分丰富，预测总资源量为 187×10^{12}m^3。20 世纪 80 年代，在美国政府税收补贴政策"能源意外获利法"与"国家东部页岩气计划"资金支持下，美国启动了页岩气勘探开发试验，2000 年美国页岩气产量突破 100×10^{8}m^3。进入 21 世纪以来，随着水平井钻探及压裂技术的进步，美国页岩气勘探开发取得突破性进展，从 Barnett 页岩拓展了 Hays Neville、Marcellus 页岩等十余个地区，2014 年页岩气产量超过 3700×10^{8}m^3。页岩气的大规模开发不仅改变了世界天然气供给格局，还在全球范围内掀起了一场大规模的"页岩气革命"，亚洲、欧洲等许多国家启动了页岩气勘探开发计划。目前在中国、南非、阿根廷等国家已经取得商业性的突破，预计到 2020 年，全球页岩气产量将达到 5000×10^{8}m^3。

近年来，国家有关部委积极推动页岩气资源开发利用，颁布了《页岩气发展规划

（2011—2015 年）》（发改能源〔2012〕612 号），批复建立四个国家级页岩气示范区，出台了一系列扶持政策，极大鼓舞了相关企业投入到页岩气勘探开发领域当中。中国石油在国内率先启动了页岩气评价工作，完成了大量实物工作量，取得了重要进展，为下一步规模开发奠定了良好的资源与技术基础。初步查明，四川盆地及周缘页岩气"甜点区"分布面积：4500m 以浅龙马溪组有利面积 $3.86×10^4km^2$，可采资源量 $4.5×10^{12}m^3$；3500m 以浅龙马溪组有利面积 $1.2×10^4km^2$，可采资源量 $1.25×10^{12}m^3$。

中国石油于 2008 年组织开展页岩气资源初步摸底，2009 年启动勘探评价工作，2010年选择四川盆地南部作为近期勘探评价的重点地区，一年取得基础地质资料，两年突破关键工程技术，三年开展先导试验，逐步形成配套技术并建设示范工程。

中国石油页岩气产建目标经过多次调整，确定 2015 年实现页岩气产量 $26×10^8m^3$。长宁—威远、昭通两个示范区 2014 年至 2015 年新钻建产井 154 口，新建地面集输处理规模 $25×10^8m^3/a$，总投资 112.2 亿元，2015 年实现产量 $26×10^8m^3$。长宁—威远、滇黔北两个示范区 2014 年至 2015 年新钻建产井 154 口，新建地面集输处理规模 $25×10^8m^3/a$，总投资 112.2 亿元，2015 年实现产量 $26×10^8m^3$（图 2-13）。

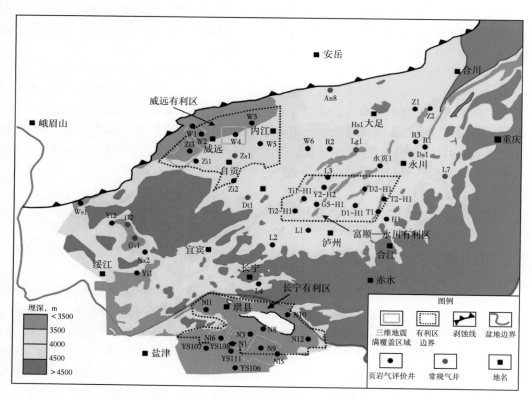

图 2-13 四川盆地威远—长宁页岩气示范区示意图（据谢军，2018）

2012 年 11 月中国石油化工集团公司在涪陵焦石坝地区的焦页 1HF 井放喷求产，试获日产 $20.3×10^4m^3$ 高产工业气流，实现了页岩气勘探重大突破。2013 年 1 月投入试采，日产气 $6×10^4m^3$。2013 年 9 月，国家能源局批复设立涪陵国家级页岩气示范区，实现当年开发，当年投产，当年见效，建年产能 $5.0×10^8m^3$，产气 $1.42×10^8m^3$。2013 年，中国石油化工集团公司焦石坝页岩气实现突破，将 2015 年规划目标由 $15 \times 10^8 m^3$ 调整至 $50 \times 10^8 m^3$。2014 年至 2015 年，一期建成产能 $50 \times 10^8 m^3$；2014 年产量 $10 \times 10^8 m^3$，2015 年产量 $32 \times 10^8 m^3$。动用面积 $229 km^2$，动用储量 $1697 \times 10^8 m^3$，共部署开发井 253 口井，其中：2013 年实施 23 口井，2014 年实施 100 口井，2015 年实施 130 口井，总投资 215 亿元。2016 年至 2017 年，二期建设产能 $100 \times 10^8 m^3$（图 2-14）。

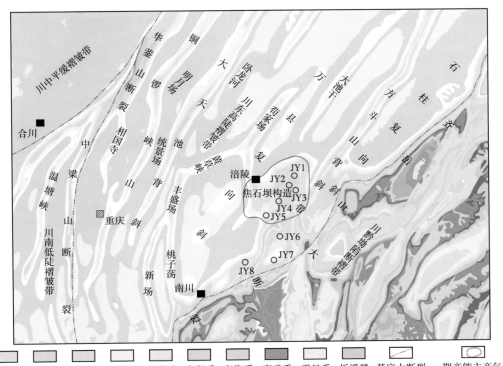

图 2-14 涪陵页岩气田区域位置图（据郭旭升等，2016）

目前，在我国南方海相地层发现的页岩气田主要有长宁海相页岩气田、威远海相页岩气田、焦石坝页岩气田等，其主要的气田特征表现为超压，压力系数一般 1.2~2.0，主要勘探开发目的层位为志留系龙马溪组页岩，这两套地层的演化程度较高，达到了生气后期阶段，而且在喜马拉雅期普遍经历了一次剧烈的抬升过程，对储层的两个参数产生了重要影响，形成了各种类型的超压气田：生烃型超压气田，如长宁页岩气田；构造增压型页岩气田，如焦石坝页岩气田。截至 2016 年 1 月，在四川盆地及邻区的威远—长宁、云南昭通累计投入生产井 105 口，日产气 $809 \times 10^4 m^3$，建产能 $26 \times 10^8 m^3$；重庆涪陵投产 76 口，日产气 $700 \times 10^4 m^3$。"十二五"期间累计建成页岩气产能超过 $50.0 \times 10^8 m^3$，实现了商业化生产。

2.2.2 开发工作主要技术进展

四川盆地及邻区的海相页岩，是我国页岩气勘探开发最现实的领域。一是中国四大海相页岩分布区中，四川盆地蜀南地区最为有利。蜀南地区志留系龙马溪组页岩埋深

1500~4500m，有利区面积 $2.3 \times 10^4 km^2$，其中可开发的超压核心区面积近 $1 \times 10^4 km^2$，可采资源量超过 $1 \times 10^{12} m^3$。二是核心区有多口水平井获得高产，证明其具有商业开发价值。N201-H1 井（压力系数 2.03）压后测试产量 $(13~18) \times 10^4 m^3/d$，平均 $15 \times 10^4 m^3/d$；Y201-H2 井（压力系数 2.15）压后测试产量 $43 \times 10^4 m^3/d$；W204H 井（压力系数 1.96）压后测试产量 $16.5 \times 10^4 m^3/d$。靶体位置选择在龙马溪—五峰组底部作为水平井巷道是正确合理的，实现了较好的优质储层钻遇率。在产能建设区，优质页岩分布在龙马溪组底部，高伽马值均呈现"两高夹一低"形状，峰值均出现于五峰组与龙马溪组界线，TOC 高、含气量高。TOC 分布在 2%~6.7%，均值为 3.7%，优质页岩连续厚度超过 35m。长宁、威远、昭通区块建产井水平井巷道均在龙马溪组底部优质页岩段内，新完钻 57 口井高伽马储层钻遇率大幅度提高，三个区块平均达到 70%。长宁区块新完钻井 H2 和 H3 平台中靶体靠下的产量高于靠上的产量。昭通区块完钻井高伽马值页岩钻遇率 65%~85%，基本钻进下部 20m 高自然伽马值页岩段，测试产量远超预期。威远新钻井水平井轨迹大量钻进底部 20m 高自然伽马值页岩段，W204H1-2 井钻遇下部优质页岩比例高于 W204H1-3 井，单井产量也较高。

通过钻探和试采工作，进一步深化了威远、长宁和昭通三个建产区页岩气地质资源条件的基础认识，资源条件较好，龙马溪组 LM_5-WF_1 优质页岩在区内分布广泛。长宁、昭通钻采资料证实，建产区优质页岩厚度较大、各项评价参数好、分布稳定、地质条件优越，地质资源风险较小，龙马溪组 LM_5-WF_1 优质页岩在建产区内稳定分布。水平巷道页岩储层孔隙度、含气性和脆性矿物含量越高，越有利于水平井改造和单井产量提高，在长宁地区开展的 8 口页岩气水平井试验证实，水平巷道位于优质页岩段的水平井产量高于非优质页岩段水平井。因此，长宁、昭通建产区水平井靶体设计在优质页岩 20m 内可以实现开发方案产量要求。

威远区块由于目的层埋深较大，W204 井区平均井深度 5347m，垂深 3897m，页岩储层厚度变化较大，W204 井区优质页岩厚度较大，往北、往西部 W202 井区方向厚度减薄；龙马溪组龙一₁下段优质页岩在建产区内稳定分布，但是厚度明显小于长宁、昭通区块；这给页岩气水平井地质导向提出了更高要求。另外威远区块由于埋深加大，地应力加大，最大与最小主应力差值达到 18MPa 左右，压裂裂缝的开启难度增大。因此，威远—长宁地区与昭通在地质条件上存在一定差别，需要有针对性的钻井和增产改造技术。

通过推广气体钻进，综合运用优质水基/油基钻井液和旋转下套管等配套技术，斜井段/水平段防塌快打，事故率不断降低，钻井周期大幅度缩短，优质储层钻遇率和井身质量不断提高。通过优化钻井工艺，长宁区块平均钻井周期由 150d 降到 60d 以内，井筒完整率由方案优化前的 25% 提高到 50%，平均机械钻速由 5.18m/h 提高到 7.2m/h。威远区块平均机械钻速由 2.99m/h 提高到 6.13m/h，生产时效大幅增加，事故复杂时间不断降低，钻井周期大幅度缩短，W202 井区平均钻井周期由 150d 降到 60d 以内，W204 井区平均钻井周期由 190d 降到 90d 以内，井筒完整率由方案优化前的 25% 提高到 100%。昭通区块机械钻速较第一轮提高 51%，水平段优质页岩钻遇率达 98% 以上。

通过优化井身结构，减少了大井眼长度，降低了大井眼扭方位、造斜的困难，使用 125V 气密封油层套管提高井筒完整性，使水平段长度不断延伸，三个区块水平井长度 1379~1544m。通过优化地质靶体及方位，将水平井靶体优化至优质页岩下部，轨迹方向与最小主应力方向近一致，优化后水平段储层参数明显变好。长宁区块新完钻井 H2 和 H3 平台南半支、H6 平台高自然伽马值页岩钻遇率 70%~80%，H2、H3 底部 20m 高自然伽马值页岩钻遇率高于北半支。昭通地区完钻井高自然伽马值页岩钻遇率 65%~85%，基本钻进下部 20m 高自然伽马值页岩段。威远完钻井高自然伽马值页岩钻遇率 70% 以上，新钻井水平井轨迹大量钻进底部 20m 高伽马值页岩段。

目前，四川盆地勘探开发基本形成了"滑溜水、大排量、段塞式泵注"水平井分段压裂工艺的主体技术，同时进行了新型压裂工艺技术试验和试采工艺技术的对比试验，取得了一定效果。在长宁、昭通区块主要采用"滑溜水、大排量、段塞式泵注"水平井分段压裂工艺，在满足开发产量任务需求的前提下，能够保证井筒的完整性，降低了套损等复杂工况，达到了预期的压裂效果，压裂主体施工参数如施工排量、加砂量等与美国技术水平相当。

长宁、威远部分井针对深井采用"大通径桥塞 + 可溶性球分段压裂工艺"技术开展了试验，试验表明泵送顺利，坐封可靠，大大提高了作业效率，降低了成本，但是试气效果未能达到预期。另外，长宁、威远部分井使用焦石坝增黏滑溜水体系的主体压裂工艺技术进行了试验，评价结果显示增黏滑溜水能够增加裂缝复杂性，但返排率依然较高，且产量提高不明显，评价认为效果一般。长宁、威远地区压后利用闷井、分阶段控制、逐级放大的排采制度巩固了体积压裂效果，在地层裂缝闭合之前控制排液，闭合之后，控制产气上升速度，保证不出砂逐级放大油嘴增加产气量。长宁气井按照控压稳产、大压差生产和放压生产三种方式组织生产，单井稳定产量（2.1~18.3）×10^4m^3/d，5 口井超过方案设计，总体试采效果较好，Ⅰ类井 EUR 可达到 1×10^8m^3。长宁生产井总体压裂液返排率高，长期带液生产，生产井井口压力低，关井后压力恢复较快。W204 井区 H1 平台 3 口井投入试生产，日产气 16.26×10^4m^3/d、日产水 66.7m^3，单井平均日产气 5.4×10^4m^3/d，生产井压裂液返排量大，返排率高。W204H1-2 井基本达到方案设计指标，W204H1-3 井低于方案设计指标。昭通区块 YS108H1-1 井产气量达到 20.86×10^4m^3/d，YS108H1-5 井测试过程中井口压力平稳产气量达到 24.23×10^4m^3/d，YS108H1-3 井产气量达到 18.8×10^4m^3/d，达到方案设计要求。

四川盆地页岩气开发基本形成了针对性的页岩气井试采、生产和集输工艺，井站集输工艺能够满足页岩气开发需要。针对页岩气井初期产量大、压力高，产液量大、递减快，中后期产量小、压力低等特点，创新形成了标准化设计和一体化橇装，实现了不同阶段采用不同橇装组合生产、环保节能和无人值守，缩短了建设周期，节约了地面投资。初期排采试气阶段：试油流程与地面高压橇连接回收天然气；高压生产阶段：高压排采橇进行气液分离和轮换计量；中低压生产阶段：拆掉水套炉、单井分离、轮换计量、气液混输，实现井站无人值守。

四川盆地页岩气勘探开发探索"工厂化"作业管理模式，实现了一体化组织、流程化作业、精细化管理、标准化现场。建立了高效的"工厂化"地面组织模式。长 NH2 平台 8 口水平井、H3 平台 6 口水平井批量作业得以顺利实施。

综上所述，四川盆地及邻区的海相页岩，是我国页岩气勘探开发最现实的领域，主要勘探开发目的层位为志留系龙马溪组页岩，其中龙马溪 LM$_5$—五峰组 WF$_1$ 是最为有利的层段。我国已经在四川盆地龙马溪组页岩实现商业化开发，发现的页岩气田主要有长宁海相页岩气田、威远海相页岩气田、焦石坝页岩气田等，气田特征表现为超压，压力系数一般 1.2~2.0。页岩气勘探开发关键技术取得重要进展。通过推广气体钻进，综合运用优质水基 / 油基钻井液和旋转下套管等配套技术，斜井段 / 水平段防塌快打，事故率不断降低，钻井周期大幅度缩短，优质储层钻遇率和井身质量不断提高；基本形成了"滑溜水、大排量、段塞式泵注"水平井分段压裂工艺的主体技术，同时进行了新型压裂工艺技术试验和试采工艺技术的对比试验，成效显著。在页岩气开发示范区内积极探索"工厂化"作业管理模式，基本实现了一体化组织、流程化作业、精细化管理、标准化现场，建立了高效的"工厂化"地面组织模式，页岩气规模开发初见成效。

3   页岩岩相特征及储层分布模式

海相页岩在全球不同时代广泛分布，不仅是海相含油气盆地最重要的烃源岩，而且是页岩油气勘探开发的主要产层。海相细粒沉积成因复杂，岩石类型多样，沉积相带相对陆相湖盆分布稳定，面积较大。四川盆地上奥陶统五峰组—下志留统龙马溪组已成为我国海相页岩气战略选区和勘探开发的主力层系，分布面积约 12.82×10^4 km²，目前页岩气勘探已经取得突破性进展。下面以此为例，介绍其岩相组合、沉积环境、富有机质页岩沉积模式及优质页岩储集特征。

3.1   地层层序与岩相组合

3.1.1   地层层序

五峰组—龙马溪组总体为沉积旋回不明显、测井响应特征简单的笔石页岩地层，在上扬子区大面积分布。依据带笔石、赫南特贝等古生物化石及地化、测井资料，该页岩地层自下而上可划分为凯迪阶、赫南特阶、鲁丹阶、埃隆阶和特列奇阶等 5 阶 13 个笔石带（图 3-1），其中埃隆阶三角半耙笔石带（*Demirastrites triangulatus*）分布广，是海平面显著下降的重要标志，因此作为龙马溪组 SQ₁、SQ₂ 两个三级层序划分的重要标志层。

（1）SQ₁ 为鲁丹阶—埃隆阶底部层序，包括 *Normalogra ptuspersculptus*、*Akidograptus ascensus*、*Parakidograptus acuminatus*、*Cystograptus vesiculosus*、*Coronograptus cyphus*、*Demirastrites triangulatus* 6 个笔石带，最大海泛面位于鲁丹阶上部的自然伽马峰值处，代表龙马溪组早期的深水相笔石页岩沉积建造。SQ₁ 沉积中心位于川南、川东地区，沉积厚度为 99m（长宁区块）到 170m（泸州区块），向川中隆起超覆，厚度减薄为 17m 以下（威远区块），且未发现川中隆起周缘出现边缘相和重力流沉积体，在川北则无沉积，表明川中和汉南隆起可能相连成为水下隆起（图 3-2）。该层序为高自然伽马值（*GR*）、中高电阻率的富有机质页岩段。*GR* 值一般为 150~300API，电阻率（R_t）一般 20~50Ω·m，平均钙质含量 12%~18%，平均黏土含量 40.5%~43%，平均 *TOC* 一般 1.7%~4.0%（图 3-1、图 3-2）。TST 为鲁丹阶富有机质、富硅质页岩段，是页岩气主力产层，以薄层—中厚层硅质页岩、钙质硅质页岩和碳质页岩组合为主，夹多层斑脱岩薄层，记录奥陶—志留纪之交的最大海侵。HST 主体为埃隆阶半耙笔石带，岩性为中厚层状粉砂质页岩、黏土质页岩组合，自然伽马值为中—较高幅度值，有机质丰度降低至 1%~2%，显示水体变浅。

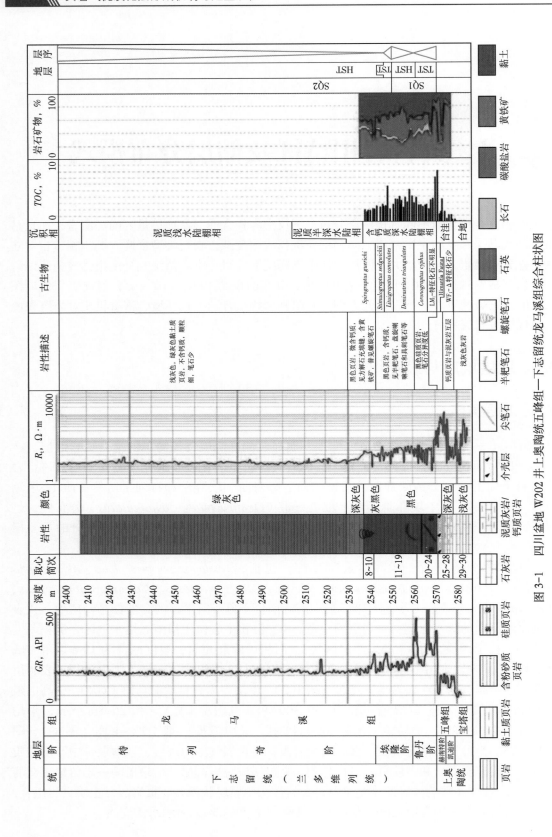

图 3-1　四川盆地 W202 井上奥陶统五峰组—下志留统龙马溪组综合柱状图

（2）SQ$_2$为埃隆阶中上部—特列奇阶层序（图3-1），包括 *Lituigrapatus convolutus*、*Stimulograptus sedgwickii*、*Spirograptus guerichi* 等笔石带，沉积周期较SQ$_1$略短，代表龙马溪组中晚期的半深水—浅水相沉积，在长宁区块发育埃隆阶中上部页岩地层，在威远—华蓥则发育埃隆阶中上部—特列奇阶并且以特列奇阶为主，在川北仅沉积特列奇阶，最大海泛面位于埃隆阶上部自然伽马峰值处。该期沉积中心位于蜀南（埃隆阶沉积中心）和川北（特列奇期沉积中心），厚度分别为200~350m、150m，向川中隆起减薄至60m以下（图3-2）。该层序主体为富黏土矿物、贫有机质的页岩段，岩相区域变化大，在长宁地区为中厚—厚层状灰黑色—灰色钙质黏土质页岩（黏土含量平均47%，*TOC* 平均0.9%，R_t 为10~1000Ω·m），在威远、华蓥等川中资料点则为厚层状深灰色、灰色和灰绿色黏土质页岩（黏土含量平均67%，*TOC* 平均0.2%，R_t 为6~9Ω·m），反映川中古隆起主体仍淹没于水下，并未提供物源。这表明在SQ$_2$时期，海平面已显著下降，沉积中心向西北方向发生迁移，汉南古隆起在特列奇期已沉降为沉积中心；岩相纵向和横向变化大，但主体为黏土质页岩和钙质黏土质混合页岩。

受沉降沉积中心向西北迁移的影响，五峰组—龙马溪组自东南向西北沉积时代不断变新（图3-2），在川南长宁地区仅发育凯迪阶、赫南特阶、鲁丹阶、埃隆阶4阶12个笔石带，带化石分异度普遍较高，富有机页岩形成于 *Dicellograptus complexus*、*Normalograptus Persculptus*、*Cystograptus vesiculosus* 等笔石带，页岩 *TOC* 含量为3.39%~8.36%，在川中威远和川东北巫溪地区则发育全部5阶13个笔石带，笔石分异度为鲁丹阶较低、埃隆—特列奇阶较高，富有机页岩形成于 *Normalograptus Persculptus* 至 *Spirograptus guerichi* 笔石带，且以埃隆阶厚度最大，*TOC* 含量为2.0%~5.2%。

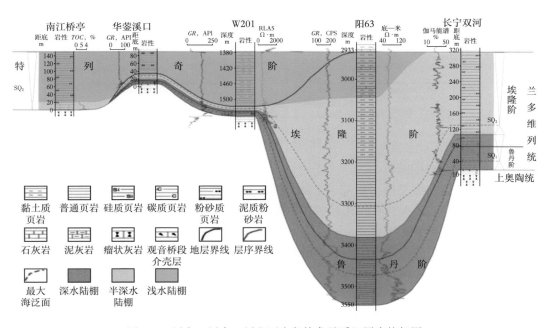

图3-2　川南—川中—川北下志留统龙马溪组层序格架图

29

3.1.2 岩相组合

根据岩石矿物三端元法 + 沉积微相分类方案 [图 3-3（a）]，四川盆地五峰—龙马溪组页岩可划分深水相、半深水相、浅水相等 3 种组合岩相类型 [图 3-3（b）、图 3-3（c）、图 3-3（d）]。

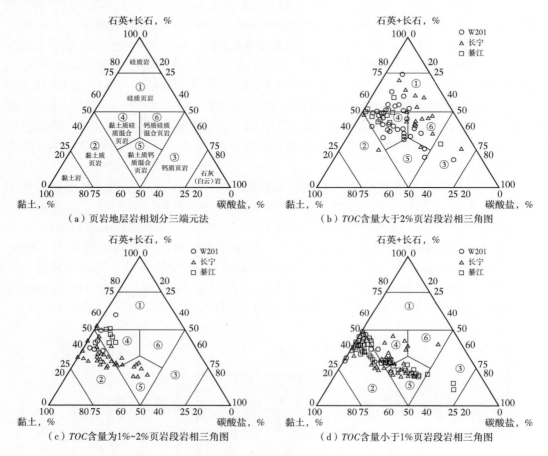

（a）页岩地层岩相划分三端元法
（b）TOC 含量大于 2% 页岩段岩相三角图
（c）TOC 含量为 1%~2% 页岩段岩相三角图
（d）TOC 含量小于 1% 页岩段岩相三角图

图 3-3　五峰组—龙马溪组岩相划分图

3.1.2.1 深水陆棚岩相组合

分布于五峰组—龙马溪组底部，主体为富含有机质（$TOC > 2\%$）的黑色页岩，包括硅质页岩相、钙质硅质混合页岩相和黏土质硅质混合页岩相。

3.1.2.2 半深水陆棚岩相组合

分布于龙马溪组中下部，主体为有机质含量中等（TOC 1%~2%）、黏土含量较高的深灰色、灰黑色页岩，包括硅质页岩相、黏土质页岩相、黏土质硅质混合页岩相和黏土质钙质混合页岩相。

3.1.2.3 浅水陆棚岩相组合

一般分布于龙马溪组中上部，主体为贫有机质（$TOC < 1\%$）、富黏土的灰色、灰绿色页岩，包括黏土质页岩相、黏土质硅质混合页岩相、黏土质钙质混合页岩相和钙质页岩相，其中钙质页岩相主要分布于綦江等局部地区。

这表明，硅质页岩和钙质硅质混合页岩是深水沉积环境的特有岩相；黏土质页岩和黏土质钙质混合页岩是浅水陆棚的主要岩相；黏土质硅质混合页岩是浅水—深水沉积环境的共有岩相。

受海平面旋回变化控制，五峰组—龙马溪组自下至上可划分为五峰组、龙一、龙二、龙三等四个岩性段（图 3-4），其中五峰组—龙一段为页岩气勘探开发主力层段，龙二段—龙三段为区域封盖层。本书根据 W201 井、长芯 1、长宁双河剖面和綦江观音桥剖面等资料点，结合前人研究成果，对五峰组—龙马溪组岩相组合及其脆性、物性进行分段描述，以揭示页岩气主力产层和区域盖层的优质岩相组合。

（1）五峰组—龙一段。为连续沉积的深灰色—黑色深水陆棚相页岩段，富含笔石、放射虫、海绵骨针等生物化石和有机质，TOC 含量一般 1.3%~8.4%，厚 30~80 m。该段岩相组合变化较大，五峰—龙一下段为 TOC 含量大于 2% 的深水陆棚岩相组合序列，主要发育深水相硅质页岩、钙质硅质混合页岩（长宁、綦江）及硅质页岩、钙质硅质混合页岩、黏土质硅质混合页岩（威远），间夹少量黏土质页岩和钙质结核薄层，黏土矿物含量一般低于 30%；龙一上段则为深水—半深水岩相组合序列，有机质丰度下降至 1.3%~1.9%，钙质含量降低，黏土质含量增至 30%~60%，主要发育硅质页岩、黏土质页岩和黏土质硅质混合页岩，岩相组合开始向半深水序列过渡。深水相页岩普遍具有高杨氏模量、低泊松比、天然裂缝发育、孔隙度中高等优质储层特征，脆性矿物含量超过 55%，杨氏模量为（1.9~5.4）×10⁴ MPa，泊松比为 0.14~0.28，发育构造缝、层理缝、微裂隙等天然裂缝，总孔隙度一般为 3.8%~7.5%，渗透率 0.000 74~216.6 mD（表 3-1）。据测算，五峰组—龙马溪组深水相页岩普遍发育有机质孔隙、裂缝孔隙等优质储集空间，有机质孔隙度一般可达到 0.4%~1.9%（平均 1.2%），裂缝孔隙度平均为 0.1%（长宁）~1.3%（焦石坝）。

（2）五峰组—龙二段。主体为半深水陆棚岩相组合序列，灰黑色—深灰色，TOC 含量一般 0.8%~1.9%，厚 30~50 m。自下而上，黏土质含量降低，一般为 35%~65%，钙质含量增高，一般为 5%~40%，发育厚层—块状的半深水相黏土质页岩、黏土质硅质混合页岩和黏土质钙质混合页岩。半深水岩相组合脆性和渗透性较深水相页岩差（表 3-1），泊松比一般在 0.3 以上，天然裂缝欠发育，储集空间以黏土矿物晶间孔为主，总孔隙度一般 4.8%~7.0%，有机质孔隙度一般 0.3%~0.6%，渗透率一般（6.8~9.2）×10⁻⁴ mD（表 3-1）。

（3）五峰组—龙三段。为灰色、浅灰色和灰绿色半深水—浅水陆棚相页岩段，TOC 含量一般 0.3%~1.2%，厚 110~130 m，黏土质含量一般为 40%~65%，钙质含量一般为 5%~40%。岩相区域变化较大，在威远地区主要为块状的浅水相黏土质页岩，在长宁和綦江区块则为浅水相黏土质页岩、黏土质硅质混合页岩和黏土质钙质混合页岩组合，夹钙质页岩薄层。浅水岩相组合普遍具有脆性差、渗透率极低等显著特征（表 3-1），以浅水陆棚黏土质页岩相为例，该页岩相一般具有中高杨氏模量和高泊松比，杨氏模量为（2.0~2.8）×10⁴ MPa，泊松比一般为 0.31~0.38，天然裂缝不发育，储集空间基本上为黏土矿物晶间孔，有机质孔隙度一般低于 0.3%，渗透率一般低于 100 nD（表 3-1）。

可见，川南五峰组—龙马溪组主力产层为深水陆棚岩相组合，包括深水沉积的硅质页岩、钙质硅质混合页岩组合（长宁、綦江）及硅质页岩、钙质硅质混合页岩、黏土质硅质

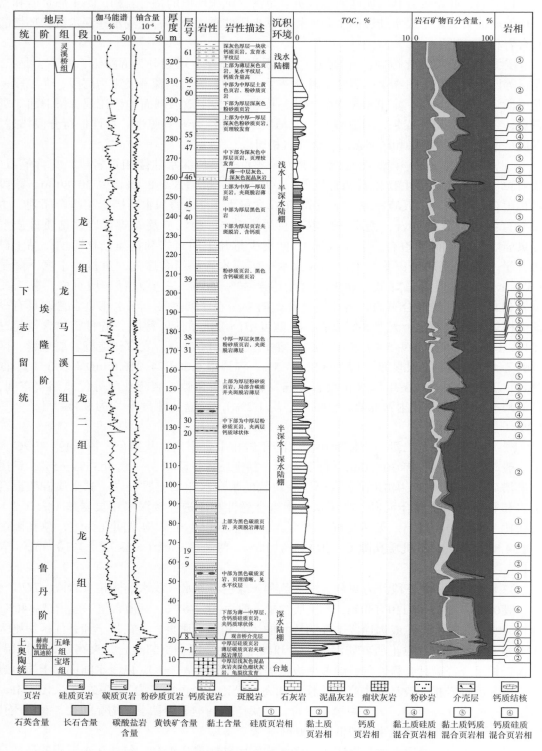

图 3-4　长宁地区五峰组—龙马溪组页岩地层综合柱状图

表 3-1 五峰组—龙马溪组主要岩相的脆性和物性参数表

| 岩相 | 岩矿组成 | 岩石力学参数 | | 裂缝发育情况 | 物性 | | 主要作用 |
		杨氏模量 E 10⁴ MPa	泊松比		孔隙度 %	渗透率 mD	
深水陆棚硅质页岩相	石英 + 长石 53%~73%，黏土 27%~47%	3.7~5.4	0.2~0.25	发育构造缝、层理缝和微裂隙	4.1~6.9	0.001 6~216.6	优质储层
深水陆棚钙质硅质混合页岩相	石英 + 长石 40%~47%，钙质 32%~39%，黏土 23%~25%	2.7~4.3	0.14~0.19	发育构造缝、层理缝和微裂隙	4.5~7.5	0.000 74~2.44	优质储层
深水陆棚黏土质硅质混合页岩相	石英 + 长石 41%~49%，钙质 6%~15%，黏土 34%~45%	1.9~3.1	0.24~0.28	发育构造缝、层理缝和微裂隙	3.8~5.2	0.003 3~1.3	优质储层
半深水陆棚黏土质页岩相	石英 + 长石 42%~50%，黏土 50%~58%	2.1~2.8	0.30~0.34	天然裂缝欠发育	4.8~7.0	(6.8~9.2)×10⁻⁴	次要储层，良好封盖层
浅水陆棚钙质黏土质混合页岩相	石英 + 长石 20%~24%，钙质 33%~40%，黏土 40%~42%	0.6~1.0	0.25~0.27	天然裂缝不发育	3.6~5.3	(6.9~8.1)×10⁻⁶	优质封盖层
浅水陆棚黏土质页岩相	石英 + 长石 33%~49%，黏土 51%~67%	2.0~2.8	0.31~0.38	天然裂缝不发育	5.2~8.0	(5.6~9.0)×10⁻⁶	优质封盖层

混合页岩组合（威远），产层顶板为半深水—浅水陆棚岩相组合，主要为黏土质页岩、黏土质硅质混合页岩和黏土质钙质混合页岩组合；前者因富含硅质和有机质，具有良好的脆性，天然裂缝发育，物性较好，是形成页岩气产层的优质岩相；后者因富含黏土和贫有机质，脆性差，天然裂缝不发育，渗透率极低，厚度大且分布稳定，是形成页岩气藏区域封盖层的优质岩相；两者自下而上构成良好的自封自储型储盖组合。

3.2 富有机质页岩沉积要素与发育模式

富有机质页岩是页岩油气的主力产层，因此是海相细粒沉积研究的主要对象。研究认为，五峰组—龙马溪组优质页岩沉积主要受构造活动、海域封闭性、海平面变化、古生产力、沉积速率等地质要素控制，在四川盆地及周缘发育深水陆棚中心型和半深水斜坡型两种沉积模式。

3.2.1 构造背景

根据五峰组—龙马溪组斑脱岩、生物地层和岩性地层等沉积记录综合判断，受周缘地块对扬子地台的持续碰撞和拼合作用影响，扬子地台构造活动在奥陶纪—志留纪之交经历了台地陆棚转换期、大隆大坳形成期、前陆挠曲初期、前陆挠曲发展期等四个阶段（表 3-2、图 3-5），即：

表 3-2　綦江观音桥和长宁双河剖面五峰组—龙马溪组斑脱岩发育情况统计表

统	阶	组	笔石带	沉积时间/Ma	綦江观音桥 斑脱岩层数/累计厚度	綦江观音桥 斑脱岩单层厚度/cm	綦江观音桥 百万年斑脱岩发育规模/$(cm \cdot Ma^{-1})$	綦江观音桥 说明	长宁双河 斑脱岩层数/累计厚度	长宁双河 斑脱岩单层厚度/cm	长宁双河 百万年斑脱岩发育规模/$(cm \cdot Ma^{-1})$	长宁双河 说明
下志留统	特列奇阶	龙马溪组	*Spirograptus guerichi*	0.36								植被覆盖
下志留统	埃隆阶	龙马溪组	*Stimulograptus sedgwickii*	0.27				植被覆盖	4层/2.6cm	0.5~0.8/0.7	9.6	
下志留统	埃隆阶	龙马溪组	*Lituigraptus convolutus*	0.45	2层/2cm	0.5~1.5/1.0	4.44	中上部为植被覆盖	19层/28.2cm	0.5~3.5/1.5	62.7	上部为植被覆盖
下志留统	埃隆阶	龙马溪组	*Demirastrites triangulatus*	1.56	5层/17cm	2.0~8.0/3.4	10.90		9层/51.5cm	0.5~40/5.7	33.0	
下志留统	鲁丹阶	龙马溪组	*Coronograptus cyphus*	0.8	3层/2cm	0.5~1.0/0.67	2.50		1层/1cm	1.0	1.2	植被覆盖
下志留统	鲁丹阶	龙马溪组	*Cystograptus vesiculosus*	0.9	2层/0.7cm	0.2~0.7/0.35	0.78		6层/15.4cm	0.8~8.0/2.6	17.1	
下志留统	鲁丹阶	龙马溪组	*Parakidograptus acuminatus*	0.93	1层/0.2cm	0.2	0.22					
下志留统	鲁丹阶	龙马溪组	*Akidograptus ascensus*	0.43								
下志留统	鲁丹阶	龙马溪组	*Normalograptus persculptus*	0.6								
上奥陶统	赫南特阶	五峰组	*Hirnantia*	0.73								
上奥陶统	赫南特阶	五峰组	*Normalograptus extraordinarius*									
上奥陶统	凯迪阶	五峰组	*Paraorthograptus pacificus*	1.86	2层/0.5cm	0.2~0.3/0.25	0.20	露头风化严重	3层/8.5cm	2.0~3.5/2.8	4.6	露头风化严重
上奥陶统	凯迪阶	五峰组	*Dicellograptus complexus*	0.6				露头风化严重	6层/27cm	3.0~6.0/4.5	45.0	露头风化严重

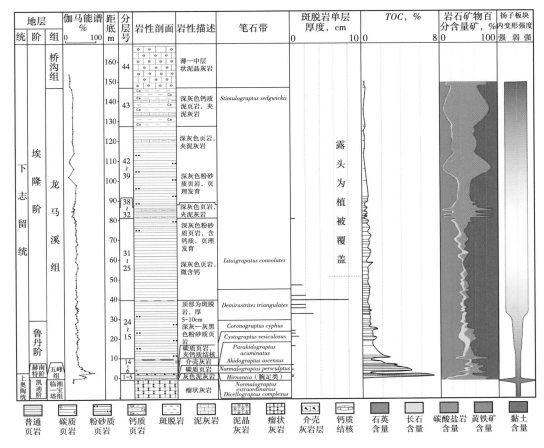

图3-5 綦江观音桥剖面五峰组—龙马溪组综合柱状图

（1）宝塔组沉积末期—五峰组初期（主要为 *Dicellograptus complexus* 笔石带）。为台地向陆棚转换时期，持续时间0.6Ma，仅占五峰组沉积期的1/5，构造活动剧烈，斑脱岩发育规模45cm/Ma，扬子地台东南部由台地快速挠曲下沉为深水陆棚，区内沉积物由泥灰岩快速转为黑色笔石页岩，其厚度一般不超过2m。

（2）五峰早期（*Paraorthograptus pacificus* 笔石带）—鲁丹中期（*Cystograptus vesiculosus* 笔石带）。为大隆大坳形成期，持续时间5.5Ma，上扬子地区主体呈现三隆夹一坳的古地理格局，构造运动和缓，斑脱岩发育规模0.22~4.6cm/Ma。

（3）鲁丹晚期（*Coronograptus cyphus* 笔石带）。为前陆挠曲初期，持续时间0.8Ma，华夏古陆对扬子地块的碰撞作用再次加强，斑脱岩发育规模17.1cm/Ma，扬子地台东南部向下挠曲幅度开始加大，沉降沉积中心自东南向西北开始迁移。

（4）埃隆期以后。为前陆挠曲发展期，周缘地块对扬子地台的碰撞和拼合作用进入强烈活动期，斑脱岩发育规模33~63cm/Ma，扬子挠曲幅度剧增，埃隆阶沉积厚度一般200~450m，沉降沉积中心开始向西北大规模迁移。

川南—川东南挠曲坳陷在五峰组—鲁丹阶中期趋于稳定，在鲁丹晚期开始加强，在埃隆期进入强烈活动期。川中地区总体为持续稳定的古隆起，构造活动在五峰—埃隆期较稳定，在特列奇期进入强烈挠曲期，明显晚于川南和川东南。

3.2.2　海域封闭性

在五峰组—龙马溪组沉积时期，受板块碰撞和拼合作用的逐次增强、前陆坳陷向西北迁移等构造因素控制，川中隆起、黔中隆起、雪峰隆起等正向构造不断扩大，上扬子海域封闭性逐渐增强。依据川南五峰组—龙马溪组地球化学测试资料，川南海湾在五峰—龙马溪沉积时期的封闭性呈现规律性变化。以长宁地区为例，五峰组 S/C 比值为 0.09~0.12，反映水体处于低盐度、弱封闭状态；鲁丹阶下段 S/C 比值 0.08~0.51，显示水体处于低—正常盐度和弱—半封闭状态；鲁丹阶上段 S/C 比值 0.37~0.57，显示水体逐渐转为正常盐度、半封闭状态；埃隆阶下段 S/C 比值 0.39~0.81，显示水体已进入正常—高盐度、半封闭—强封闭状态；埃隆阶上段 S/C 比值 0.65~1.99，显示水体处于高盐度、强封闭状态（图 3-6）。

另外，根据 N211、W205 等 2 口井的微量元素资料显示（图 3-6、图 3-7），长宁海域在五峰—鲁丹中期具有较高 Mo 含量，显弱封闭—半封闭状态，在鲁丹晚期—埃隆期则具有低 Mo 含量，为半封闭—强封闭海湾；威远地区 Mo 含量总体较长宁低，显示该海域总体处于半封闭—强封闭状态，在鲁丹—特列奇阶初期为具有较高 Mo 含量的半封闭水域，随后则转为低 Mo 含量的强封闭水域。

这表明，川南海域的封闭性变化特征与周缘地块对扬子地块的拼合作用强度变化规律吻合，显示出构造活动是导致上扬子大部分海域封闭性增强、深水域面积缩小、盐度升高的主要控制因素；在扬子与周缘地块的拼合作用下，盆地周边隆起与海底地形起伏导致的阻隔作用逐渐加剧，川南海域封闭性呈现早期弱、晚期强、西北弱、东南强的特点。

3.2.3　海平面变化

关于奥陶纪—志留纪之交海平面变化规律，研究认为：在凯迪间冰期→赫南特冰期→鲁丹间冰期→埃隆间冰期，海平面出现由深→浅→深→浅的旋回变化（图 3-6），具体表现为：在凯迪间冰期，海平面处于高位，$\delta^{13}C$ 值发生负漂移；在赫南特冰期，海平面出现快速下降（降幅 50~100m），$\delta^{13}C$ 值开始发生正漂移，在观音桥段中部达 -29.0‰（长宁）~-27.6‰（宜昌王家湾）；在鲁丹早期，随着气候变暖，海平面出现大幅度飙升，$\delta^{13}C$ 值再次发生负漂移；进入鲁丹晚期—埃隆期，海平面开始持续下降，$\delta^{13}C$ 值基本保持正漂移。根据干酪根同位素资料，川南海域在五峰—鲁丹中期处于高水位状态（图 3-6），在鲁丹阶晚期—埃隆阶中期下降至中高水位，在埃隆阶晚期持续下降至中等水位。这表明，在五峰组—龙马溪组主要沉积时期，川南海域始终处于有利于有机质保存的中—高水位状态。

3.2.4　古生产力

在奥陶纪—志留纪之交，全球经历了奥陶纪间冰期、赫南特冰期和志留纪初间冰期的气温更替，导致海洋出现生物灭绝与复苏辐射的交替过程。研究证实，形成优质烃源岩的古生产力并未受赫南特冰期影响，但受海域封闭性影响较大。根据长宁地区五峰组—龙马溪组化学元素资料，川南海域古生产力（用 P_2O_5/TiO_2 比值表示）在奥陶纪—志留纪之交呈现早期（弱封闭—半封闭期）高、晚期（半封闭—强封闭期）低的变化特点（图 3-6），即：P_2O_5/TiO_2 比值在五峰—鲁丹阶中段（*Dicellograptus complexus* 至 *Cystograptusvesiculosus* 笔石带）较高，一般为 0.24~0.84，最高值位于观音桥段，但在鲁丹阶上段—埃隆阶（*Coronograptus cyphus* 笔石带以上）较低，一般为 0.12~0.17。

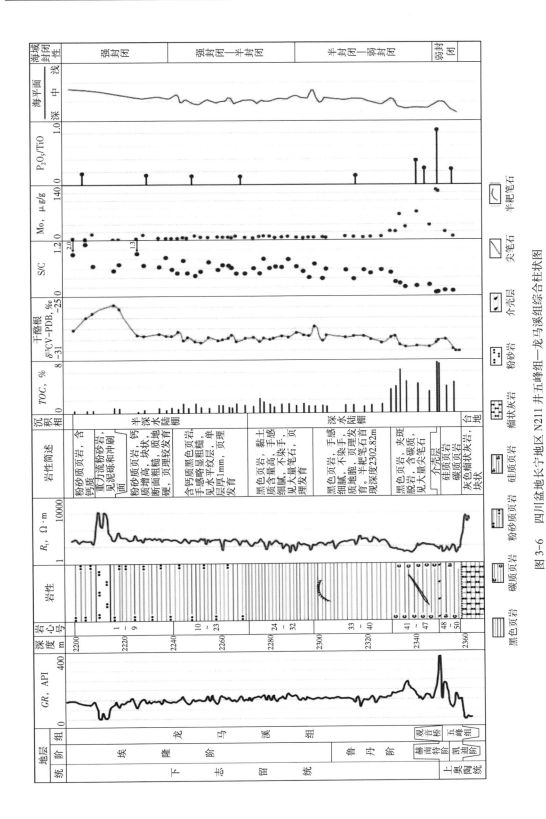

图 3-6 四川盆地长宁地区 N211 井五峰组—龙马溪组综合柱状图

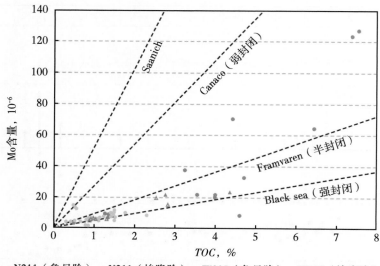

图 3-7 川南龙马溪组 Mo 含量—*TOC* 关系图版

3.2.5 沉积速率

沉积速率是反映沉积环境稳定性和富有机质页岩形成背景的重要指标。通过对长宁、綦江和华蓥等地区重要资料点分析发现,五峰组—龙马溪组主要笔石带的沉积速率和有机质丰度在川南坳陷和川中隆起存在显著差异(表 3-3),稳定的构造背景是形成低沉积速率古环境的重要控制因素。

在川南—川东南地区,沉积速率在五峰期—鲁丹中期(即 *Dicellograptus complexus—Cystograptus vesiculosus* 带)较低,为长宁地区 2.33~9.29 m/Ma、綦江地区 0.69~13.67 m/Ma,在鲁丹晚期—埃隆早期(即 *Coronograptus cyphus—Demirastrites triangulatus* 带)开始加快,为长宁地区 31.41~33.75 m/Ma、綦江地区 14.37~58.46 m/Ma,在埃隆中期以后达到 103.70~384.4 m/Ma 高值(长宁地区)。

在川中地区,沉积速率在五峰期—埃隆早期(即 *Dicellograptus complexus—Demirastrites triangulatus* 带)介于 0.75~2.82m/Ma,在埃隆中晚期(即 *Lituigrapatus convolutus—Stimulograptus sedgwickii* 带)加快至 12.2~53.3 m/Ma,在特列奇期(即 *Spirograptus guerichi* 带)超过 150 m/Ma。

可见,稳定的构造背景是形成低沉积速率古环境的重要控制因素。在长宁和綦江地区,五峰期—鲁丹中期为构造稳定期,沉积速度缓慢,建造的黑色页岩 *TOC* 值介于 2.00%~8.36%;埃隆阶时期尽管处于沉降沉积中心,但因构造活动强烈,且距东南物源区近,沉积速率过快,黏土矿物稀释作用强,页岩有机质丰度一般低于 2%(表 3-3)。川中古隆起是十分稳定的正向构造,受扬子东南缘构造活动影响较小、较晚(主要在特里奇期受构造影响较大),且距离物源区较远,沉积速度长期缓慢,其中五峰期—埃隆期是富有机质、富硅质页岩形成的主要时期,沉积的黑色页岩 *TOC* 介于 1.6%~11.0%(表 3-3)。

表3-3　四川盆地3个剖面五峰组—龙马溪组沉积速率与有机质丰度统计表

地层	笔石带	长宁双河				綦江观音桥				华蓥溪口			
		岩性	厚度 m	沉积速率 m·Ma⁻¹	TOC	岩性	厚度 m	沉积速率 m·Ma⁻¹	TOC	岩性	厚度 m	沉积速率 m·Ma⁻¹	TOC
龙马溪组	*Spirograptus guerichi*									灰绿色黏土质页岩	54.70	151.90	0.1%~0.7%
	Stimulograptus sedgwickii	黏土质钙质混合页岩	28.0	103.70	0.4%~1.4%	钙质泥页岩、黏土质页岩	117.5	58.46	0.30%~0.85%	深灰—黑色黏土质页岩	14.40	53.30	0.7%~1.8%
	Lituigrapatus convolutus		173.0	384.40	0.5%~1.9%						5.50	12.20	1.6%~2.7%
	Demirastrites triangulatus	黏土质页岩	49.0	31.41	1.03%~1.58%						4.40	2.82	1.7%~4.2%
	Coronograptus cyphus	黏土质硅质混合页岩	27.0	33.75	1.16%~1.86%	黏土质硅质混合页岩	11.5	14.37	1.01%~1.30%	硅质页岩	2.73	0.75	8.9%~9.4%
	Cystograptus vesiculosus	钙质硅质混合页岩、硅质页岩	17.0	9.29	3.39%~4.18%		12.3	13.67	1.07%~4.08%				
	Parakidograptus acuminatus						2.2	2.37					
	Akidograptus ascensus		4.1	3.98	3.65%~8.36%	碳质页岩	0.5	1.16	5.02%				
	Normalograptus persculptus						0.6	1.00	5.02%				
五峰组	*Hirnantia*	钙质硅质混合页岩、硅质页岩	1.0	3.56	7.55%	泥灰岩	0.7	0.96	0.99%	硅质页岩	0.09	2.01	11.0%
	Normalograptus extraordinarius		1.6		3.75%	碳质页岩	1.7	0.69	5.91%		1.38	2.01	4.6%
	Paraorthograptus pacificus		6.0	3.23	2.00%~4.20%						4.30	2.31	2.1%~5.2%
	Dicellograptus complexus	碳质页岩	1.4	2.33	2.61%						1.00	1.67	

3.2.6 岩相古地理

受构造活动、海平面变化和古气候等因素影响，五峰—龙马溪期岩相古地理呈现出复杂、多变的演化特征（图3-8至图3-11），进而导致优质页岩分布出现显著的区域差异性。

3.2.6.1 五峰组沉积期（即凯迪间冰期）

区域构造运动和缓，上扬子地区主体为三隆（即川中、黔中和雪峰三个古隆起）夹一坳（即川南—川东坳陷）、开口向秦岭洋的"V"型深水海湾（图3-8），气候温暖湿润，海平面上升至高位，海底地势平缓且封闭性弱，SiO_2、P等营养物质主要来源于秦岭洋方向，表层水体营养丰富，藻类、放射虫、笔石等浮游生物出现高生产，生物碎屑颗粒、有机质和黏土矿物等复合体以"海洋雪"方式缓慢沉降，有机质、生物硅、微生物白云石等大量产出，沉积速率2.3~3.2m/Ma。在川南坳陷的广大地区为水深100~200m的深水陆棚（底部为缺氧带），沉积硅质页岩、钙质硅质混合页岩和黏土质硅质混合页岩三种优质岩相，*TOC*为2.0%~4.6%，*TOC*大于2%页岩厚5~14m。在黔中古陆北坡出现水深60~100m的半深水陆棚（底部为贫氧带）和水深浅于60m的浅水陆棚—滨岸相（富氧带），在川中威远地区则为水深浅于60m的台地—台洼相，两者均沉积*TOC*小于2.0%的钙质页岩和泥灰岩。

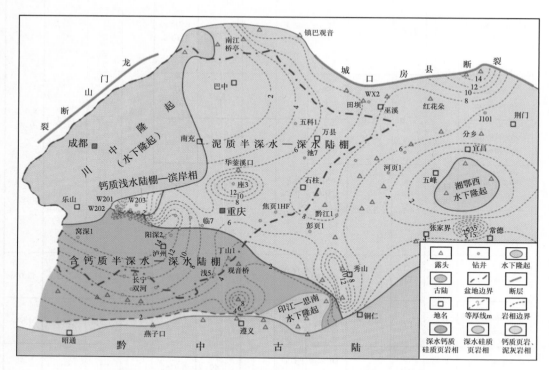

图3-8 四川盆地及邻区上奥陶统五峰组笔石页岩段沉积相图

3.2.6.2 五峰组沉积中晚期（即赫南特冰期）

海平面快速下降（降幅50~100m）和海水温度降低是环境变化的主旋律，深水域缩小至川南—川东坳陷区（图 3-9）。海水中 SiO_2、P 等营养物质浓度剧增，以浮游生物为食物的笔石大量灭绝，表层浮游生物爆发，古生产力达到高峰。该期沉积速率为 0.3~3.6m/Ma，在川南—川东坳陷区沉积硅质页岩、钙质硅质混合页岩两种优质岩相，TOC 为 2.7%~11%，TOC 大于 2% 的页岩厚 0.2~1.2m，在黔北、渝东、湘鄂西等浅水区沉积钙质页岩和泥灰岩，TOC 一般低于 1%。

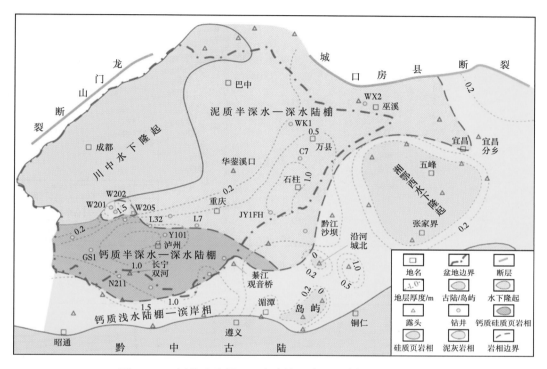

图 3-9　四川盆地及邻区上奥陶统五峰组观音桥段沉积相图

3.2.6.3　鲁丹阶沉积期

　　基本保持五峰期的沉积格局，海底开始出现坳隆相间的古地形，海平面升降和海域封闭性变化是该时期环境变化的主控因素。在鲁丹早期，气候变暖，海平面快速上升并接近五峰早期的高水位，川南坳陷区再次出现水深接近 200m 的深水陆棚，坳陷斜坡带出现水深 60~100m 的半深水陆棚（图 3-10），海底出现大面积缺氧环境，表层浮游生物再次出现大辐射，沉积速率 3.98m/Ma（长宁），在辽阔的川南深水区沉积硅质页岩、钙质硅质混合页岩和黏土质硅质页岩等 3 种优质岩相，TOC 为 2.1%~8.4%；在鲁丹晚期，海平面开始下降，随着扬子地台板内的挠曲坳陷开始西移，沉降沉积中心逐渐向西北迁移，川中隆起东坡逐渐沉降为半深水陆棚，川南海域封闭性开始增强，黏土含量增多，沉积速度加快，沉积速率为 6.74m/Ma（威远）~33.75m/Ma（长宁），TOC 含量为长宁 1.03%~1.86%、威远 2.3%~4.1%。在鲁丹阶时期，沉积的黑色页岩厚度一般 10~80m，其中 TOC 大于 2% 页岩厚度一般 10~60m（图 3-11）。

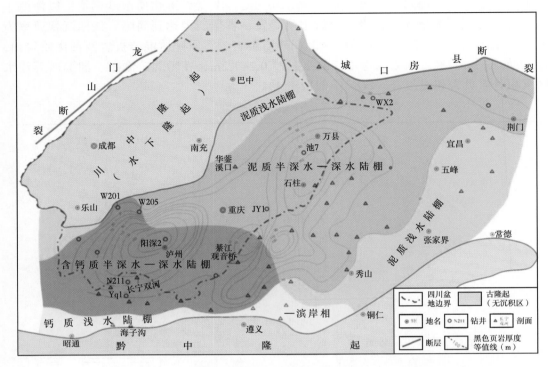

图 3-10　四川盆地及周边龙马溪组早期（SQ_1）沉积相图

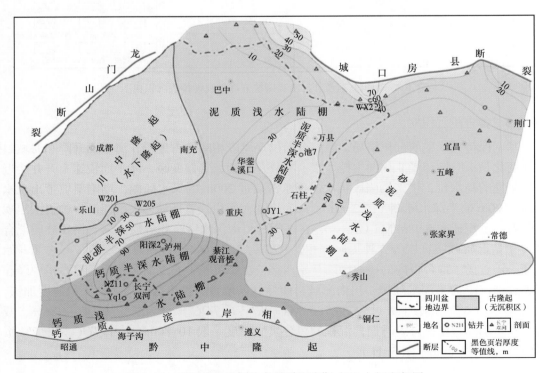

图 3-11　四川盆地及周边龙马溪组晚期（SQ_2）沉积相图

3.2.6.4 埃隆阶沉积期

扬子与周边地块的碰撞拼合作用加剧，川南—川东坳陷挠曲幅度增大，沉降沉积中心向西北迁移（图3-12），海平面大幅度下降，四川盆地及邻区主体转为半深水—浅水陆棚，川南海域逐渐由半封闭变为强封闭。深水域大幅度缩小和迁移，其中川南深水域转变为封闭的半深水陆棚，川中隆起东坡水深略增，保持为半封闭深水陆棚。沉积速率显著加快，出现西北低、东南高的差异化特征，在威远地区为9.5~15.2m/Ma，在长宁地区则为103.7~384.4m/Ma。沉积岩石相在川南坳陷大部分地区以黏土质页岩和钙质黏土质页岩为主，黏土矿物45%~68%，TOC 为0.4%~1.9%（长宁），但在川中隆起东坡出现黏土质硅质页岩、钙质硅质混合页岩两种优质岩相，黏土矿物低于45%，TOC 一般为2.1%~2.7%。川南埃隆期坳陷为龙马溪组沉积时期最大沉积中心，页岩地层厚度一般200~400m，但 TOC 大于2%页岩厚度仅15~20m，且主要分布于川中—川北地区。

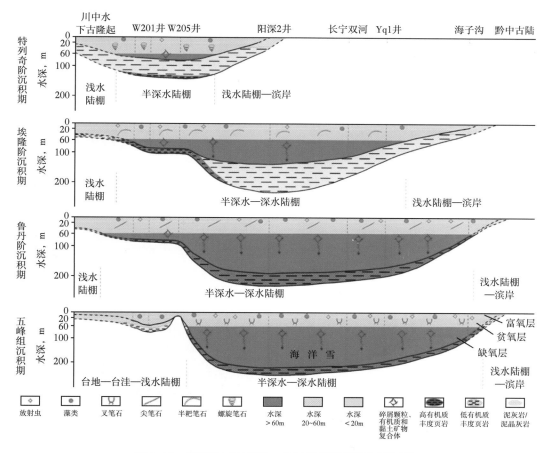

图3-12　川南地区五峰组—龙马溪组沉积演化剖面图

3.2.6.5 特列奇阶沉积期

扬子与周边地块的碰撞拼合作用持续加剧，沉降沉积中心迁移至川中和川北地区，海平面大幅度下降，四川盆地及邻区主体为半深水—浅水陆棚，沉积速度一般超过100m/Ma，地层厚度超过100m。深水域出现于特列奇阶沉积早期，且仅分布于川中—川北的局部地区，在威远地区沉积黏土质硅质页岩、钙质硅质混合页岩两种优质岩相，黏土矿物低于 50%，*TOC* 一般为 1.0%~2.7%，*TOC* 大于 2% 的页岩厚 5~15m。

3.2.7　富有机质页岩沉积模式

在奥陶纪—志留纪之交，随着沉降沉积中心不断向西北迁移，海平面由高位逐渐下降，沉积速度逐渐加快，上扬子地区富有机质页岩发育层段沉积时代变新（图 3-12、图 3-13），沉积规模变小，有机质丰度降低。川南—川东坳陷为五峰—埃隆期沉积中心，并以埃隆期沉积为主；川中—川北为埃隆—特列奇期沉积中心，并以特列奇期沉积为主。五峰—鲁丹期为高海平面和低沉积速率期，沉积的富有机质页岩厚度一般 30~80m（图 3-14），分布面积超过 $18 \times 10^4 km^2$，*TOC* 含量一般 2.0%~11%，因而是优质页岩的主要形成期；埃隆期以后为快速沉积期，仅在川中—川北等局部地区出现缓慢沉积，形成的富有机质页岩厚度一般 20~50m，分布面积 $4.6 \times 10^4 km^2$，*TOC* 含量一般 2.0%~5.2%，因此是优质页岩的次要形成期。受沉积中心西移、沉积速率差异化等因素控制，优质页岩在川南—川东坳陷区为五峰—鲁丹阶，在川中—川北地区则以鲁丹—埃隆阶为主，局部地区可能以五峰—特列奇阶底部为主。

根据长宁、威远和巫溪气区五峰组—龙马溪组优质页岩沉积要素分析认为（表 3-4），四川盆地五峰组—龙马溪组优质页岩存在深水陆棚中心型和继承性斜坡型等 2 种沉积模式

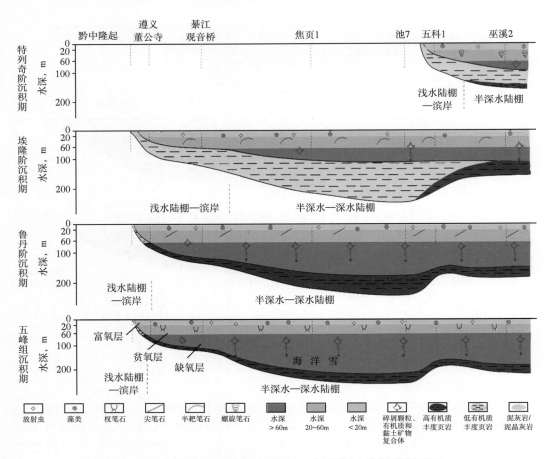

图 3-13　川东南—巫溪地区五峰组—龙马溪组沉积演化剖面图

页岩岩相特征及储层分布模式

3

（图3-12、图3-13），并受四大要素叠加控制。

　　第一种为以长宁气田和巫溪气区为代表的继承性深水陆棚中心沉积模式（图3-12、图3-13），即优质储层均形成于持续缓慢沉降的深水陆棚中心区（如川南—川东坳陷区），海平面处于高位，弱—半封闭环境确保古生产力保持较高水平，沉积速率慢，沉积厚度大，一般在40m以上。

　　第二种为以威远气田代表的继承性半深水斜坡沉积模式（图3-12），即优质储层形成于缓慢沉降的古隆起斜坡区（如川中隆起东坡），海平面处于中高水位，但半封闭环境确保古生产力保持高水平，沉积速率长期缓慢，沉积厚度较大，一般在10~40m。

表3-4　四川盆地重点气区五峰组—龙马溪组优质页岩沉积要素表

要素	长宁	威远	巫溪
厚度，m	40~50	20~40	50~60
发育层位	五峰—鲁丹阶中期	鲁丹—埃隆阶	五峰—埃隆阶
构造背景	缓慢沉降的坳陷区	古隆起斜坡	缓慢沉降的坳陷区
岩相古地理	钙质深水陆棚中心	钙质半深水陆棚边缘	泥质深水陆棚中心
海平面	海侵，高海平面	海侵，中高海平面	海侵，高海平面
海域封闭性	弱—半封闭	半封闭	弱—半封闭
古生产力（P_2O_5/TiO_2）	0.2~0.85（平均为0.37）	0.2~0.55（平均为0.31）	
沉积速率，m/Ma	2.3~9.3	6.7~15.2	1.9~26.2

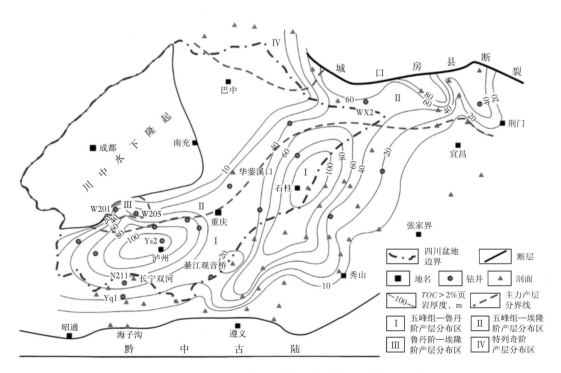

图3-14　上扬子地区五峰组—龙马溪组富有机质页岩分布图

45

上述两种优质页岩沉积模式显示，五峰组—龙马溪期富有机质、富硅质页岩的形成主要受缓慢沉降的稳定海盆、相对较高的海平面、弱—半封闭水体和低沉积速率等四大因素叠加控制。缓慢沉降的稳定海盆和相对较高的海平面是形成海水底层大面积缺氧、有机质有效保存的基本沉积条件；弱—半封闭水体有助于海水交换和营养物质的充分补给，是表层浮游生物高生产力的重要保障；低沉积速率则是有机质和生物硅质高效聚集有利条件。后两项因素受构造作用影响明显，显示出区域构造背景对优质页岩至关重要的控制作用。

受上述四要素共同作用，优质页岩在扬子海盆半深水—深水区呈多层叠置、大面积连片分布，主力勘探层系在川南—川东坳陷区为五峰组—鲁丹阶，在威远地区为鲁丹阶—埃隆阶，在川中—川北局部地区则为五峰组—特列奇阶。

3.3 富有机质页岩脆性评价与"甜点层"分布特征

3.3.1 页岩脆性评价方法

为了更加科学合理地界定脆性矿物，统计分析了海相页岩常见矿物组分的杨氏模量（E）和泊松比（v）（表 3-5）。对比发现，石英（$E=95.94GPa$，$v=0.07$）、白云石（$E=121GPa$，$v=0.24$）和黄铁矿（$E=305.32GPa$，$v=0.15$）3 种矿物具有高杨氏模量和低泊松比的显著特征，脆性程度最高，符合北美主要产气页岩储层特征和我国页岩气储层评价标准（$E>30GPa$，$v<0.25$）；黏土矿物则呈现低杨氏模量和高泊松比（$E=14.2GPa$，$v=0.30$）的特征，塑性明显；而通常被作为脆性矿物的长石（钾长石 $E=39.62GPa$，$v=0.32$；斜长石 $E=69.02GPa$，$v=0.35$）和方解石（$E=79.58GPa$，$v=0.31$）虽然杨氏模量大于 30GPa，但是泊松比均大于 0.3，脆性并不理想。

表 3-5 页岩常见矿物组分的弹性参数统计

矿物组分	杨氏模量，GPa	泊松比
石英	95.94	0.07
钾长石	39.62	0.32
斜长石	69.02	0.35
方解石	79.58	0.31
白云石	121	0.24
黄铁矿	305.32	0.15
黏土矿物	14.2	0.3
干酪根	6.26	0.14

因此，针对我国南方海相页岩钙质含量偏高和黄铁矿发育的基本特征，并依据不同矿物组分的力学性质差异性，提出基于石英、白云石和黄铁矿三矿物的脆性指数（BI）计算模型，见式（3-1）。

$$BI = \frac{W_{石英} + W_{白云石} + W_{黄铁矿}}{W_{总}}$$

（3-1）

式中 *BI*——矿物脆性指数；

W——各矿物组分及总组分的质量。

应用"石英 + 白云石 + 黄铁矿"三矿物脆性指数法［公式（3-1）］分别对 JY1 井、长宁双河剖面和 W201 井的五峰组—龙马溪组富有机质页岩段进行脆性指数（*BI*）的定量计算和评价（图 3-15）。结果显示，焦石坝和长宁地区的 *BI* 普遍高于 40%，且高于 50% 的层段连续厚度大，脆性特征整体较为优越；威远地区的 *BI* 在 40% 左右波动显著，且高于 50% 的层段连续厚度明显较小，脆性特征次之。具体如下：

JY1 井：凯迪阶—鲁丹阶中部的 *BI* 普遍高于 40%，自下而上呈现先降低后缓慢增加又降低的趋势，最高值位于赫南特阶中部，接近 80%。凯迪阶—鲁丹阶下部 18m 和鲁丹阶中 4m 的层段 *BI* 均高于 50%，脆性特征最好［图 3-15（a）］。

长宁双河剖面：凯迪阶—鲁丹阶下部的 *BI* 普遍高于 50%，鲁丹阶中上部的 *BI* 则基本在 38% 左右，*BI* 整体呈现波动变化的趋势，最高值位于鲁丹阶中部，达到 90%，其次是鲁丹阶底部，接近 80%。凯迪阶—鲁丹阶下部 32m 和鲁丹阶中部 4m 的两个层段 *BI* 分别介于 48%~80% 和 40%~90%，脆性特征最好［图 3-15（b）］。

W201 井：凯迪阶—特列奇阶下部的 *BI* 普遍介于 40%~50%，呈现波动变化的趋势，赫南特阶顶部的石灰岩由于方解石含量极高、石英和白云石含量极低造成 *BI* 的极小值，最高值则位于凯迪阶上部和鲁丹阶下部，超过 80%。凯迪阶上部约 3m 和鲁丹阶—埃隆阶下部 13m 的层段 *BI* 均高于 45%，脆性特征最好［图 3-15（c）］

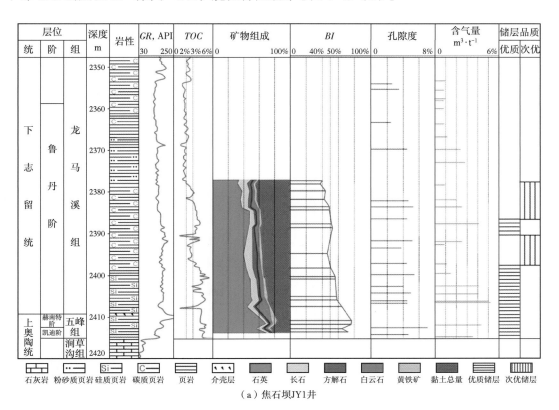

（a）焦石坝JY1井

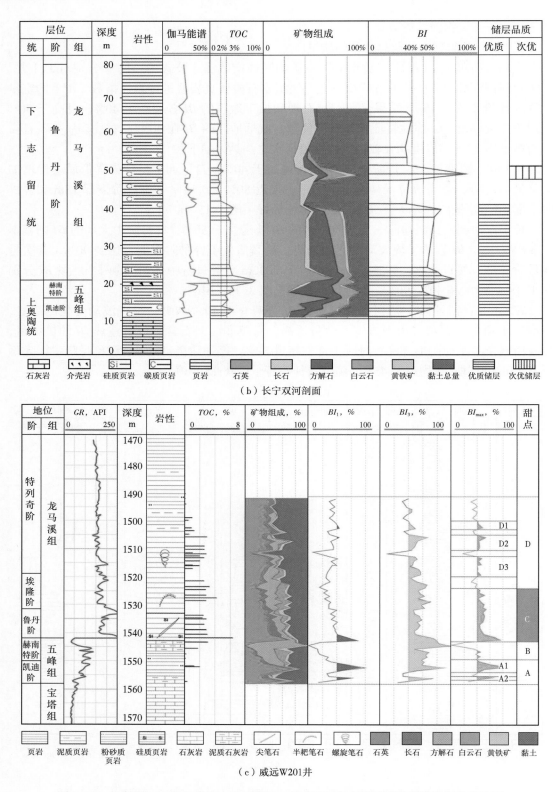

（b）长宁双河剖面

（c）威远W201井

图 3-15　焦石坝、长宁和威远地区五峰组—龙马溪组富有机质页岩段脆性评价柱状图

3.3.2 储层品质分级标准

脆性指数（BI）是反映页岩储层压裂品质的重要参数，可以从可压裂性的角度帮助研究人员优选有利层段。但是在页岩气储层的综合评价中，地质工作者不仅需要关注储层的压裂品质，还要考虑页岩有机质丰度和典型测井响应等关键指标，为"甜点层"评价和预测提供依据。为此，本书以上述三个气田储层的 BI、TOC 和测井资料为基础，探索建立页岩储层品质分级标准和富有机质、高脆性页岩的常规测井响应识别图版。

由焦石坝、长宁和威远三个气田富有机质页岩的脆性评价结果可知（图 3-15），受沉积环境和生物成因硅质的控制，BI 与有机碳含量之间存在显著的相关性，BI 的峰值和变化趋势与有机碳含量的峰值和变化趋势大体一致。根据 W201 井、N203 井、长宁双河剖面的岩矿分析和有机碳含量测试资料建立 BI 与 TOC 的关系图版（图 3-16），结果表明二者呈明显的正相关关系，相关系数为 0.6212，并且 TOC 在 1%、2% 和 3% 这 3 个点大致与 BI 的 30%、40% 和 50% 这 3 个特征值对应。根据勘探开发实践，页岩气有利储层的 TOC 一般超过 2%，"甜点层"的 TOC 下限则为 3%。综合 TOC 和 BI 双指标，从有机质丰度和可压裂性两个角度建立储层品质的分级标准如下（表 3-6）：

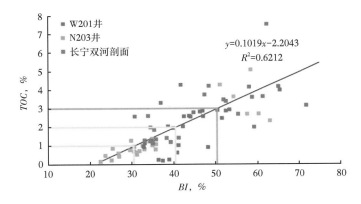

图 3-16 四川盆地五峰组—龙马溪组页岩 BI 与 TOC 的关系图版

表 3-6 四川盆地五峰组—龙马溪组页岩储层品质的分级评价标准表

储层品质	TOC %	BI %	测井响应			
			GR API	Th/U	热中子（CNL）（体积比）	密度（DEN）g/cm³
I 类（"甜点层"）	> 3	> 50	> 180	< 2	< 0.18	< 2.58
II 类（次优储层）	2~3	40~50	150~180	2~5	0.18~0.22	2.58~< 2.63
III 类（差储层）	1~< 2	30~< 40	120~150	5~11	0.22~0.25	2.63~2.67
IV 类（非储层）	< 1	< 30	< 120	> 11	> 0.25	≥ 2.67

（1）Ⅰ类（优质储层，即"甜点层"）：$TOC > 3\%$ 且 $BI > 50\%$。

（2）Ⅱ类（次优储层）：$2\% \leqslant TOC \leqslant 3\%$ 且 $40\% \leqslant BI \leqslant 50\%$。

（3）Ⅲ类（差储层）：$1\% \leqslant TOC < 2\%$ 且 $30\% \leqslant BI < 40\%$。

（4）Ⅳ类（非储层）：$TOC < 1\%$ 且 $BI < 30\%$。

　　为实现对"甜点层"的有效预测，进一步探索脆性指数与常规测井响应之间的相关关系，根据 W201 井和 N203 井的脆性评价结果与测井资料，在自然伽马值、自然伽马能谱（钍、铀、钾）、体积密度、热中子和电阻率等一系列常规测井响应中，自然伽马值、钍铀比和密度与页岩脆性指数之间的相关性最为显著，其中自然伽马值（GR）与脆性指数间存在正相关关系，而钍铀比（Th/U）和密度（DEN）则与脆性指数负相关（图 3-17）。自然

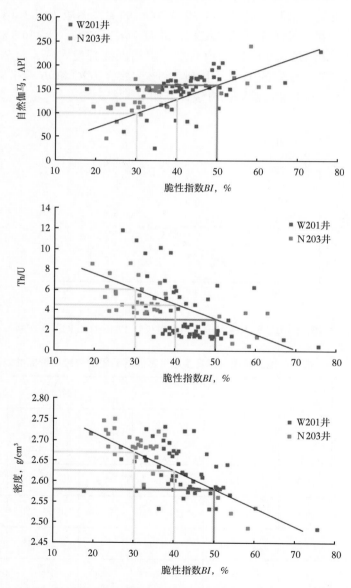

图 3-17　四川盆地五峰组—龙马溪组页岩脆性指数与测井响应的关系图版

伽马值、钍铀比和密度与脆性指数之间的相关关系是由沉积环境所控制的。五峰组—龙马溪组早期为深水陆棚沉积，气候变暖、全球海平面上升、海域水体分层、"海洋雪"作用及藻类、放射虫、海绵骨针和有孔虫等浮游生物爆发等因素导致了有机质和硅质成分在五峰组—龙马溪组底部的大量富集，且硅质成分多为生物成因。富有机质、富硅质的页岩通常是强还原环境的沉积产物。因此在测井响应上通常表现为高自然伽马值、低 Th/U 和低 DEN 等典型特征。

为此，优选 GR、Th/U 和 DEN 三种测井响应作为储层品质判别和预测的主要指标，并依据三者与脆性指数之间的相关关系图版，确定四类储层品质的测井评价标准如下：

（1）Ⅰ类（"甜点层"）：即 $TOC > 3\%$ 且 $BI > 50\%$，$GR \geqslant 160API$，Th/U < 2，$CNL < 0.18$ 且 $DEN < 2.58 \text{ g/cm}^3$。

（2）Ⅱ类（次优储层）：即 $2\% \leqslant TOC \leqslant 3\%$ 且 $40\% \leqslant BI \leqslant 50\%$，130 API $\leqslant GR$ < 160API，$3 \leqslant$ Th/U < 4.5 且 $2.58 \text{ g/cm}^3 \leqslant DEN < 2.63 \text{ g/cm}^3$。

（3）Ⅲ类（差储层）：即 $1\% \leqslant TOC < 2\%$ 且 $30\% \leqslant BI < 40\%$，100API $\leqslant GR$ < 130API，$4.5 \leqslant$ Th/U < 6.0 且 $2.63 \text{ g/cm}^3 \leqslant DEN < 2.67\text{g/cm}^3$。

（4）Ⅳ类（非储层）：即 $TOC < 1\%$ 且 $BI < 30\%$：$GR < 100API$，Th/U $\geqslant 6.0$ 且 $DEN \geqslant 2.67\text{g/cm}^3$。

依据上述页岩储层分级评价标准，基于 JY1 井、长宁双河剖面和 W201 井五峰组—龙马溪组页岩的脆性指数和有机碳含量，对三气田产层段的储层品质进行分级评价（表 3-7）。

表 3-7 焦石坝、长宁和威远地区五峰组—龙马溪组页岩次优—优质储层地质特征对比表

页岩气区	储层品质	层段	TOC	BI	累计厚度，m	总厚度，m
JY1 井	优质	凯迪阶—鲁丹阶下部、鲁丹阶中部	3.0%~6.0%	50%~80%	22	38
	次优	鲁丹阶中部	2.0%~4.0%	38%~50%	16	
长宁双河剖面	优质	凯迪阶—鲁丹阶下部	2.0%~8.0%	48%~80%	32	36
	次优	鲁丹阶中部	1.8%~2.2%	40%~90%	4	
W201 井	优质	鲁丹阶—埃隆阶下部	2.8%~6.5%	48%~80%	13	29
	次优	埃隆阶中部、特列奇阶下部	1.8%~3.1%	40%~55%	16	

（1）JY1 井："甜点层"和次优储层总厚度 38m。"甜点层"在凯迪阶—鲁丹阶下部和鲁丹阶中部，连续厚度分别为 18m 和 4m，BI 介于 50%~80%，TOC 介于 3%~6%；次优储层为鲁丹阶中部的两段，连续厚度分别为 7m 和 9m，BI 介于 38%~50%，TOC 介于 2%~4%。

（2）长宁双河剖面："甜点层"和次优储层总厚度 36m。"甜点层"在凯迪阶—鲁丹阶下部，连续厚度为 32m，BI 介于 48%~80%，TOC 介于 2%~8%；次优储层在鲁丹阶中部，连续厚度约 4m，BI 介于 40%~90%，TOC 仅为 1.8~2.2%。

（3）W201 井："甜点层"和次优储层总厚度 29m。"甜点层"在鲁丹阶—埃隆阶下部，连续厚度约 13m，脆性指数介于 48%~80%，TOC 介于 2.8%~6.5%；次优储层在埃隆阶中部和特列奇阶下部，连续厚度分别为 10.5m 和 5.5m，脆性指数介于 40%~55%，TOC 介于 1.8%~3.1%。

根据"甜点层"的累计厚度情况，长宁地区的五峰组—龙马溪组页岩品质最为优越，焦石坝地区次之，威远地区相对较差。五峰组—鲁丹期是"甜点层"的主要形成期，埃隆期其次；主力开发层系在川南—川东坳陷区为五峰组—鲁丹阶，在威远地区则为鲁丹阶—埃隆阶。

3.3.3 "甜点层"分布特征

富有机质、高脆性的"甜点层"是页岩气开发的主力层系，对"甜点层"分布规律的深入认识是勘探开发取得成功的基础和关键。为精细刻画五峰组—龙马溪组页岩"甜点层"的平面展布情况，通过对四川盆地及周缘 21 个资料点的岩矿、地球化学和测井资料进行系统复查，根据"甜点层"评价指标（$TOC > 3\%$ 且 $BI > 50\%$）及其测井响应识别标准（$GR > 160API$，$Th/U < 3$ 且 $DEN < 2.58\ g/cm^3$），并结合五峰组—龙马溪组岩相古地理的研究成果，对四川盆地五峰组—龙马溪组页岩"甜点层"厚度进行了预测（图3-18）。下面重点对"甜点层"分布特征进行描述。

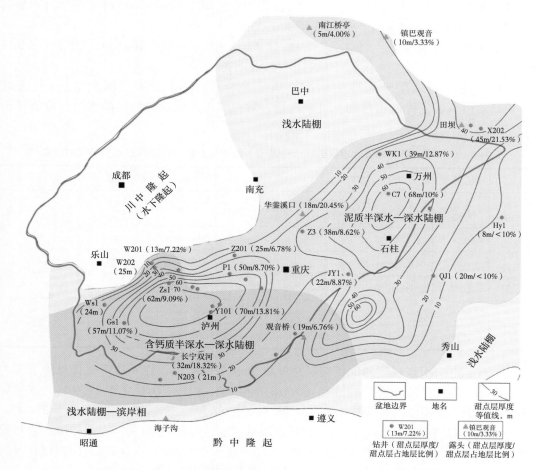

图 3-18　四川盆地五峰组—龙马溪组页岩"甜点层"平面分布图

（1）五峰组—龙马溪组页岩"甜点层"在四川盆地及周缘的分布明显受沉降沉积中心控制，主要发育于川南、川东两大深水陆棚沉积区，厚度介于 5~70m，区域分布稳定，面

积约为 $20×10^4km^2$。

（2）受构造活动和古地理格局控制，川东坳陷区"甜点层"的厚度略低于川南地区。川南坳陷在五峰—龙马溪期为持续的含钙质半深水—深水陆棚沉积区，"甜点层"厚度介于 10~70m，厚度最大值位于长宁—泸州地区，位于沉积中心附近的 Y101 井的"甜点层"厚度高达 70m。川东坳陷在五峰组—龙马溪组沉积早期为泥质半深水—深水陆棚沉积区，在龙马溪组沉积中晚期构造挤压强烈，陆源黏土输入量大且水体较浅，因此"甜点层"厚度略低，为 8~68m，厚度最大值位于涪陵—石柱—万州一带，位于沉积中心区的池 7 井（C7）"甜点层"厚度为 68m。

（3）"甜点层"占地层总厚度的比例呈现坳陷中心区大、边缘区小的变化趋势，即在两大深水陆棚沉积中心区，"甜点层"不仅厚度大，而且占地层总厚度的比例普遍较高，而在深水陆棚区的边缘，"甜点层"厚度小，且占地层比例普遍低于 10%。例如，川南坳陷边缘的 W201 井"甜点层"厚度为 13m，占总厚度的 7.22%；Z201 井"甜点层"厚度为 25m，占总厚度的 6.78%；川东坳陷边缘的 Z3 井"甜点层"厚度为 38m，占总厚度的 8.62%。然而川南沉积中心的 Y101 井"甜点层"厚度为 70m，占总厚度的 13.81%；川东沉积中心的 C7 井"甜点层"厚度为 68m，占总厚度的 10%。

（4）受沉积中心自东南向西北方向迁移的影响，不同地区"甜点层"发育层位和厚度存在显著差异。五峰—鲁丹沉积期为富有机质页岩的主要形成期，长宁和涪陵地区的"甜点层"主要发育于五峰—鲁丹期，因而厚度较大。随着沉积中心在龙马溪晚期向川中、川北方向迁移，产层逐渐变新，威远地区的"甜点层"则主要发育于鲁丹—埃隆期。川东北巫溪地区在五峰组—特列奇阶早期为持续性的深水沉积，"甜点层"主要为五峰组—埃隆阶的富有机质页岩，厚度和占地层比例相对更大，例如，X202 井"甜点层"厚度为 45m，占地层总厚度的比例达到 21.53%。川北地区的镇巴观音和南江桥亭的"甜点层"形成期较晚，主要为特列奇阶的沉积物，厚度明显较川南、川东地区薄。

可见，五峰组—龙马溪组"甜点层"在川南—川东坳陷区主要分布于五峰组—鲁丹阶；在川中—川北地区则以鲁丹—埃隆阶为主，局部地区可能为五峰组—特列奇阶底部。

3.4 页岩气储层储集空间结构特征研究

3.4.1 孔隙分类特征研究

纵观页岩微观储层孔隙研究进展，国内外针对页岩孔隙的划分依据及标准尚未达成统一。总体来看，基于不同的研究目的与研究需要，截至目前，具有代表性的页岩微观储层孔隙分类方案主要分为以下三种：

（1）基于孔隙尺寸（大小）的综合分类方案。

（2）基于孔隙产状—结构的综合分类方案。

（3）基于孔隙成因类型的综合分类方案。裂缝由于分类方式及研究较为分散，故单独列出。

目前下志留统龙马溪组是上扬子地区页岩气勘探开发的重点层系，先后在威远—长宁、富顺—永川和涪陵—焦石坝地区获得了突破，实现了工业化的开采。龙马溪组下部层段 30~45m，有机质丰度高（$TOC > 2\%$）。焦石坝—涪陵地区 TOC 高于 2% 的层段为 38m。在巫溪地区 TOC 高于 2% 的有 93m；TOC 2%~3% 为 42m；TOC 大于 3% 为 51m。龙马溪组成熟度较高，TOC 分布在 2.28%~2.76%，总体处于高成熟—过成熟演化阶段；储集性能好（孔隙度为 4.61%），含气丰度高（焦石坝 5~6m³/t，巫溪 0.9~8.26m³/t）。

该套页岩储层具备超微观复杂孔隙结构特征，但是此前对于该套储层的孔隙结构特征及其发育主控因素缺乏深入系统的研究，阻碍了后续页岩气的赋存机理及渗流机理研究工作的开展。为此，在总结前人孔隙分类的基础上，基于方便可操作性将优质页岩孔隙进行了分类，分为孔隙和裂缝两大类：对孔隙按照赋存的位置与颗粒间关系分为有机质孔隙、无机质孔隙；对于裂缝则根据产生机制及发育的位置进一步进行了细分（表 3-8）。通过开展孔隙发育的主控因素研究，为后续研究及开发工作提供了有力的技术支撑。

表 3-8　上扬子地区龙马溪组页岩储层孔隙类型划分体系表

空间类型		小类	实例	备注
孔隙		有机质孔隙		纳米级与微米级均发育
	无机质孔隙	粒间孔		纳米级与微米级均发育
		粒内孔		纳米级与微米级均发育
		黏土矿物晶间孔		主要为微米级
裂缝		应力差异性裂缝		发育于泥页岩内部应力差异性界面处
	层理缝	解理缝		发育在云母等片状矿物内
		晶间缝		片状黏土矿物晶间
		粒缘缝		碎屑颗粒与黏土矿物接触面发育或沿碎屑颗粒/黏土与有机质接触面发育
		构造缝		缝面平直，穿切刚性矿物颗粒

3.4.2 孔隙形态特征研究

根据吸附和脱附曲线类型可以判别样品的孔隙特点。筇竹寺组样品的吸附曲线在形态上略有差别，但整体呈反 S 型（图 3-19），据吸附等温线的 BET 分类，曲线与 II 型吸附等温线接近；吸附曲线前段上升缓慢，略向上微凸，后段急剧上升，一直持续到相对压力接近 1.0 时也未呈现出吸附饱和现象，说明样品在吸附氮气的过程中发生了毛细孔凝聚现象。

样品吸附等温线的吸附曲线和脱附曲线在压力较高的部分不重合，形成吸附回线。De Boer 提出吸附回线分 5 类，国际纯化学与应用化学联合会（IUPAC）在此基础上推荐分 4 类，H1 和 H4 代表两种极端类型：前者的吸附、脱附分支在相当宽的吸附范围内垂直于压力轴且相互平行，后者的吸附、脱附分支在宽压力范围内是水平的，且相互平行；H2 和 H3 是两极端的中间情况。不同的吸附回线形状类型反映一定的孔结构特征和类型，尺寸和排列都十分规则的孔结构常得到 H1 型回线，主要由微孔组成的样品中会产生 H4 型回线，无规则孔结构的样品中主要产生 H2 和 H3 回线。因孔隙形态复杂，几乎不可能用某一种吸附回线代表的孔隙类型描述实际孔隙特征，实际吸附回线大致与某种类型相似，即可近似描述孔隙特征。吸附回线存在较大差异，表明各样品孔的具体形状存在差异。

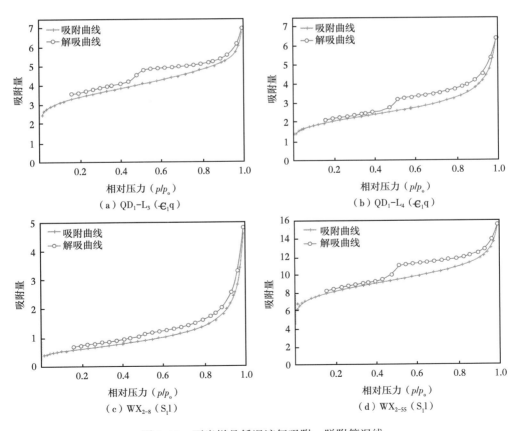

图 3-19 页岩样品低温液氮吸附—脱附等温线

3.4.3 孔隙尺寸分布特征

泥页岩在演化过程中，由于构造作用、热力作用及生—排烃作用形成了复杂的微裂缝与孔隙（包括纳米孔隙），共同构成复杂的孔—裂隙系统。泥页岩中孔裂隙系统既是天然气的储集空间，又是天然气的渗流通道。天然孔—裂隙系统的发育程度及其可改造性对页岩气资源评价和工业开采具有重要意义。而孔—裂隙的各向异性很强，形成机理复杂，给研究工作带来很大的困难。深入研究微孔裂隙系统及内在因素，对页岩气资源评价和成藏机理研究，乃至工业开采均具有重要意义。因此，正确地认识页岩孔裂隙特征是研究页岩气赋存状态、储层性质与流体间相互作用、页岩吸附性、渗透性、孔隙性和气体运移等的基础。

3.4.4 孔隙发育主控因素

许多学者对页岩纳米孔隙特征的影响因素进行了探讨和研究，Chalmers 等通过实验得到纳米孔主要受 *TOC* 控制；Loucks 等全面观察、总结了 Barnett 页岩中的纳米级孔隙，发现大部分纳米孔发育在有机质颗粒内部；Slatt 等将页岩中的纳米孔又叫做"有机质孔"；Ross 和 Bustin 认为页岩气储层中黏土矿物具有较高的微孔隙体积和较大的比表面积（吸附性能较强），并认为纳米孔隙除受有机碳含量影响外，黏土矿物含量也是纳米孔隙体积与比表面积的约束因素。研究发现，巫溪 2 井龙马溪组页岩 *TOC* 是纳米级孔隙的主控因素，有机碳含量与比表面积、总孔体积和孔隙度呈正相关关系 [图 3-20（a）-（c）]，相关系数分别为 0.628，0.665 和 0.942。孔隙体积与比表面积呈线性正相关 [图 3-20（d）] 线性相关系数为 0.978。

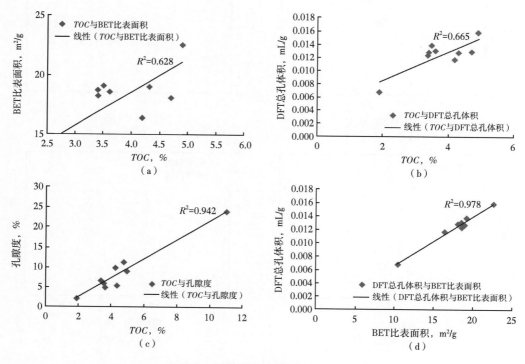

图 3-20 纳米孔隙与 *TOC* 的关系

页岩样品的黏土矿物含量和脆性矿物含量与 BET 比表面、DFT 总孔体积、孔隙度和 *TOC* 则没有显著的相关关系（图 3-21 和图 3-22）这说明巫溪 2 井龙马溪组页岩与有机质相关的微孔隙是纳米孔发育的主要贡献者，而黏土矿物与脆性矿物对纳米孔隙的影响作用不明显。Behar 和 Vandenbroucke 报道 5~5nm 的孔隙尺寸取决于干酪根类型，而龙马溪组页岩微孔中的主孔位于 1~50nm，在该范围之内；Kang 等研究表明富有机质页岩中有机质的平均孔径远小于无机质的平均孔径，因此，*TOC* 是控制龙马溪组页岩气储层中纳米级孔隙体积及其比表面积的主要内在因素。当然，黏土矿物和脆性矿物可能提供了其他孔径尺度的孔隙体积，特别是脆性矿物对于尺度较大的微裂隙的贡献更大，这些均提供了页岩气的主要储存空间。

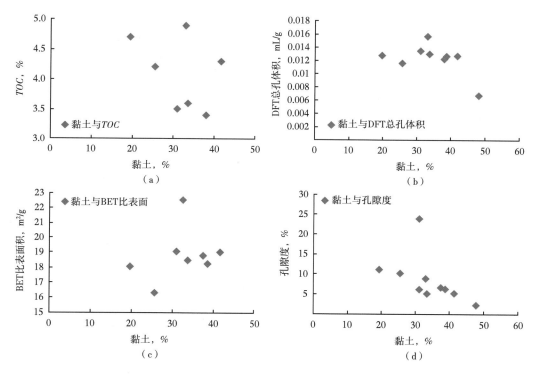

图 3-21 纳米孔隙与黏土矿物的关系

为了进一步探讨纳米级孔隙对页岩储气性能的影响，将页岩含气量与纳米级孔隙有机质和孔隙度进行相关性分析（图 3-23），可以看出有机碳含量和孔隙度与现场测试含气量含量呈正相关（R^2 分别为 0.896 和 0.822），而黏土矿物与脆性矿物则不存在相关性。

不同地区、不同地质条件下的泥页岩微观孔隙发育类型不同。页岩微观孔隙的发育及其演化，不是受单一的条件控制的，而是受多方面因素影响的综合体。研究发现，页岩气微观孔隙发育控制因素复杂多变，沉积环境与构造背景、岩性及矿物组分、有机质丰度（*TOC*）和干酪根类型、有机质演化程度（R_o）和成岩演化等因素，均不同程度地对页岩微观孔隙的发育起控制作用，各种孔隙类型发育机制复杂。

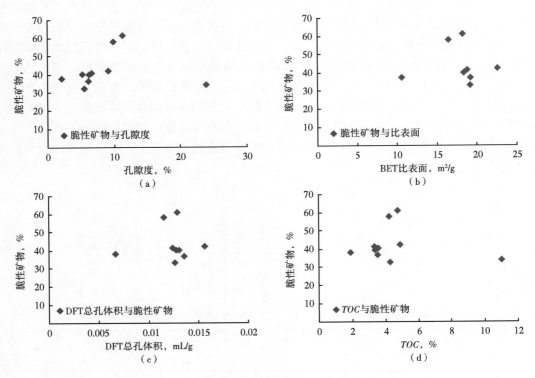

图 3-22　纳米孔隙与脆性矿物的关系

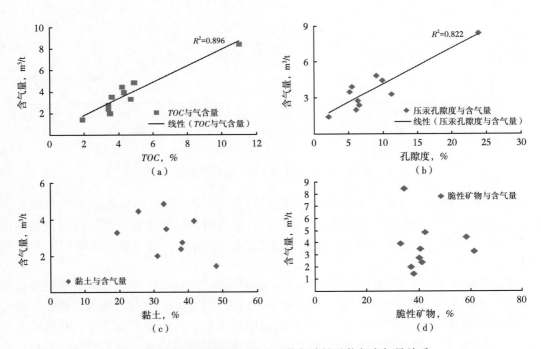

图 3-23　*TOC*、孔隙度、黏土矿物与脆性矿物与含气量关系

3.5 页岩气储集方式与储集条件研究

与常规天然气和根缘气不同，对于页岩气来说，页岩既是烃源岩又是储集层，因此，无运移或极短距离运移，就近赋存是页岩气成藏的特点；另外，泥页岩储层的储集特征与碎屑岩、碳酸盐岩储层不同，天然气在其中的赋存方式也有所不同。由于页岩气在主体上表现为吸附或游离状态，体现为成藏过程中的没有或仅有极短的距离的运移，因此页岩气可以在天然裂缝和粒间孔隙中以游离方式存在，在干酪根和黏土颗粒表面上以吸附状态存在，甚至在干酪根和沥青质中以溶解状态存在。生成的天然气一般情况下先满足吸附，然后溶解和游离析出，在一定的成藏条件下，这三种状态的页岩气处于一定的动态平衡体系中（图3-24）。

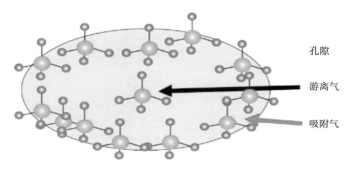

孔隙

游离气

吸附气

图 3-24 游离气和吸附气在孔隙中的赋存形式

含气量是页岩气测井评价中的一个重要参数，它是评价页岩气储层的一项重要指标。页岩中含气量一般包括吸附气、游离气、溶解气等，从国外文献资料看，以前两种为主。因此，页岩地层含气性的识别及含气量的计算至关重要。相对于以游离气为主的常规气层可以直接评价储层含气饱和度而言，页岩气储层评价含气性则复杂、困难得多，评价方法也不确定，因此需要对游离气含量测井评价方法开展研究；而吸附气的评价更加困难，其测井响应非常弱，几乎无法从测井上直接评价。

对页岩气含量的计算首先要清楚影响含气量的各种因素，这样才能计算可靠的地层含气量。游离状态的页岩气存在于泥页岩内部较大的粒间孔、晶间孔或层理缝、节理缝及构造裂缝中，其数量的多少决定于页岩内的自由空间。由于这些游离状态的天然气受到的分子间力相对较小，在孔隙喉道发育状态允许、持续生烃增压出现压差的情况下，可以发生一定程度的移动。当前页岩含气量的测量国内外没有专门的行业标准和技术方法，主要参照煤层气行业中的测量方法，再结合页岩的特性对实验方法和参数做相应的修改（表3-9）。

表 3-9 页岩含气性测试技术国内外研究现状统计表

技术环节和关键技术	国外状况	国内状况
吸附气含量测试技术	Langmuir 等温吸附模型，总含气量减去游离气含量，分子模拟技术（1. 分子动力学方法；2. 蒙特卡罗方法；3. 密度函数方法）	Langmuir 等温吸附模型，淬火固体密度泛函理论
游离气含量测试技术	普遍采用实测含气量减去吸附气含量获得游离气含量，吸附气含量由等温吸附实验获得；也可由含气饱和度乘有效孔隙度得到；向破碎页岩中充注氦气确定游离气含量	同国外

续表

技术环节和关键技术	国外状况	国内状况
含气饱和度测试技术	普遍采用美国天然气研究院（GRI）技术，主体是 Dean-Stark 装置；甑蒸法，NMR（硅藻土样品），向页岩样品中充注氦气	常压干馏法和蒸馏抽提法（Dean-Stark）
总含气量测试技术	页岩罐现场解吸法；向破碎页岩样品中冲注氦气测页岩总含气量	页岩罐现场解吸法

3.5.1　页岩气储层的储集条件分析

3.5.1.1　TOC

TOC 是影响页岩含气量的主要因素，这是因为：首先，有机质含量决定了生烃的潜力；其次，有机质中发育的孔隙是页岩气重要的储存空间。从图 3-25 可以看出，TOC 与总含气量呈正相关，进一步证明 TOC 是决定泥页岩储集能力的重要因素。

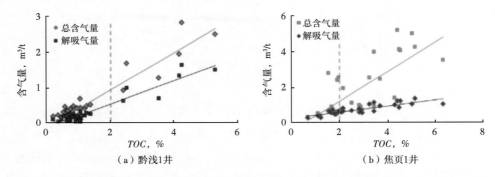

图 3-25　黔浅 1 井、焦页 1 井含气量与 TOC（％）关系图

3.5.1.2　有机质类型

与有机质组成相关的有机质类型是沉积有机质的最基本性质之一，泥页岩的有机质类型决定了其对甲烷的吸附能力。一般认为，页岩有机质吸附甲烷能力的强弱顺序如下：Ⅲ型干酪根＞Ⅱ型干酪根＞Ⅰ型干酪根。

3.5.1.3　孔隙度

孔隙度是储层岩石的基本物理参数之一，它衡量储层岩石储集空间的多少。岩石孔隙有些是连通的，有些是不连通的，因而孔隙度又分为绝对孔隙度和有效孔隙度。储层岩石中总的孔隙体积与岩石总体积之比叫作岩石的绝对孔隙度，即：

绝对孔隙度 = 岩石孔隙度 / 岩石总体积

岩石孔隙体积中，流体能在其中流动的、互相连通的孔隙，其体积称为岩石的有效孔隙体积。岩石的有效孔隙体积与岩石总体积之比，称为有效孔隙度，即：

有效孔隙度 = 岩石有效孔隙体积 / 岩石总体积

决定和影响油气储量的是岩石的有效孔隙度，又简称孔隙度。本文中提到的孔隙度均指有效孔隙度。孔隙度能显著影响游离气的含量，孔隙容积越大，则所含游离态气体含量就越高。

泥页岩中的宏孔为游离气的主要赋存空间，服从达西流特征，气体散失速率更快；介孔和微孔为吸附气的主要赋存空间，扩散速率较小，其中微孔为气体稳定吸附的空间。因此泥页岩的孔隙组合特征必然会影响其 Langmuir 常数（K）与储气能力。渝东北地区鲁家坪组泥页岩 Langmuir 常数（K）大多都高于渝东南地区牛蹄塘组泥页岩（图 3-26），这主要是因为鲁家坪组泥页岩具有较低的宏孔含量，平均为 45%，而牛蹄塘组泥页岩宏孔平均含量为 69%。另一方面，鲁家坪组与牛蹄塘组泥页岩具有相似的地质特点，表现为有机质类型均为 I 型，有机质成熟阶段均为过成熟阶段，TOC 相近（3.2% 和 2.9%）。分析结果也显示牛蹄塘组泥岩较鲁家坪组泥页岩具有更高的微孔含量和更大的吸附气量，但现场实测含气量结果显示渝东北地区鲁家坪组实测含气量明显高于渝东南牛蹄塘组泥岩，最高达 3.39m³/t。研究认为这种差异性与其孔隙组合特征有关，即相对更高的微孔、介孔含量不仅能增加其吸附气量而且也会增加其保存能力；而宏孔的发育则会增加页岩气逸散风险，减弱其储气能力，对页岩气的保存不利。

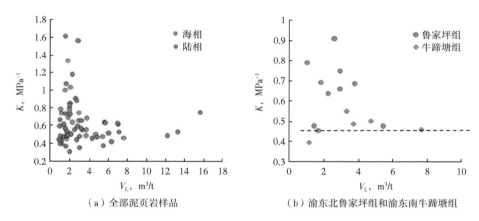

（a）全部泥页岩样品　　　　　（b）渝东北鲁家坪组和渝东南牛蹄塘组

图 3-26　泥页岩 Langmuir 常数（K）与 Langmuir 体积（V_L）关系图

3.5.1.4　渗透率

渗透率在一定程度上影响页岩气的赋存形式。渗透率是指在一定压差下，岩石允许流体通过其连通孔隙的能力，它主要影响页岩层中游离态气体的存储。页岩层渗透率越大，游离态气体的储集空间就越大。通常，页岩层属于低渗透性储层，渗透率随裂隙发育程度的不同而有较大的变化，裂隙能够大大增加页岩层的渗透率，聚集相当数量的游离态页岩气。此外，后期的水力压裂作用也会形成诱发裂隙，增大页岩层的渗透率，使游离态页岩气的储集空间增大。Barnett 页岩就是典型的例子。Barnett 页岩的天然裂隙多数被碳酸盐（特别是方解石）所胶结，但因胶结而封闭的天然裂隙却是力学上的薄弱环节，极易在水力压裂过程中再次作用，有效增大岩层的裂隙，从而使渗透率得到很好的改善（图 3-27）。

3.5.1.5　温度

吸附是一个放热反应，所以温度升高会利于气体解吸，即温度的升高会导致 Langmuir 常数减小。Zhang 等研究了不同温度下不同类型干酪根的等温吸附特征后，归纳得到了 Langmuir 常数（K）与温度之间的定性关系（图 3-28）：

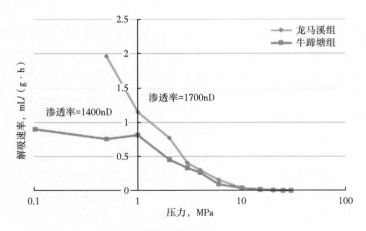

图 3-27　不同渗透率样品的解吸速率

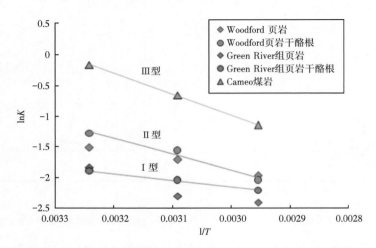

图 3-28　温度（T）与泥页岩 Langmuir 常数（K）关系图（据 Zhang 等，2012）

从图 3-28 可知，对于 I 型干酪根：

$$\ln(K) = 1241/T - 5.89$$

对于 II 型干酪根：

$$\ln(K) = 2628/T - 9.75$$

对于 III 型干酪根：

$$\ln(K) = 3366/T - 11.06$$

从图 3-28 中还可以看出，相同温度下 Langmuir 常数（K）具有 III 型干酪根＞ II 型干酪根＞ I 型干酪根的特点，即解吸速率：III 型干酪根＜ II 型干酪根＜ I 型干酪根，页岩气在 III 型干酪根中更容易保存，这与 III 型干酪根吸附气量更大的认识一致。

3.5.2　储集空间类型

页岩作为一种特殊类型的油气储集层，具有特低孔渗、储集空间类型多样等特征。依据碎屑岩孔隙类型划分方案，海相页岩储集空间可归纳为基质孔隙和裂缝两大类。

3.5.2.1 基质孔隙

通过对川南下志留统龙马溪组页岩气储层特征研究，按照成因分类，基质孔隙包括残余原生孔隙、不稳定矿物溶蚀孔、黏土矿物层间孔和有机质孔隙等 4 种类型，其成因、主要特征及发育程度差别大（表 3-10），其中黏土矿物晶间孔和有机质孔隙是页岩储集空间的特色和重要组成部分，这是页岩储层与常规砂岩储层的显著区别，也为储集空间定量表征提供了模型依据。

表 3-10　川南龙马溪组页岩基质孔隙成因类型

孔隙类型	地质成因	主要特征	发育程度
残余原生孔隙	脆性矿物颗粒支撑，颗粒间未被充填的原生孔；脆性矿物分散于片状黏土矿物，颗粒与黏土之间残余孔	在地质演化历史中，随压实和成岩作用增强而减少，直径 1~3 μm	很少
不稳定矿物溶蚀孔	钙质、长石等不稳定矿物因溶解（或溶蚀）作用而形成的次生溶孔	见于矿物颗粒间或粒内，孔径变化大（30~720 nm），连通性差	露头可见，井下较少
黏土矿物晶间孔	在成岩阶段，黏土矿物发生脱水转化而析出大量的结构水，在层间形成微裂隙	以伊利石层间缝为主，缝宽 50~300 nm，连通性相对较好	发育
有机质孔隙	在高过成熟阶段，有机质因热降解而发生大量生排烃，进而形成微孔	呈蜂窝状、线状或串珠状孔，直径为 5~750 nm，平均 100 nm	有机质中发育

根据页岩内孔隙的赋存状态，可将基质孔隙进一步归纳为脆性矿物粒（晶）内孔、有机质孔、黏土矿物晶间微孔（图 3-29、图 3-30）。其中，脆性矿物粒（晶）内孔即为残余原生孔隙和不稳定矿物溶蚀孔，主要包括赋存于石英、长石、碳酸盐岩等脆性矿物颗粒间原生孔隙、溶蚀孔隙、自生矿物晶间孔与粒内孔，镜下发现概率相对较少。在页岩储层中，脆性矿物、黏土矿物层和有机质三类物质对孔隙的贡献差异较大，这种差异必定会影响页岩气的扩散和聚集，进而对页岩气的富集高产产生重要的控制作用。

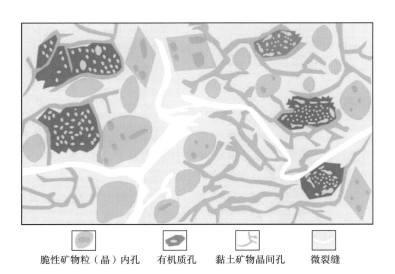

脆性矿物粒（晶）内孔　　有机质孔　　黏土矿物晶间孔　　微裂缝

图 3-29　钙质硅质混合页岩储集空间分布模式

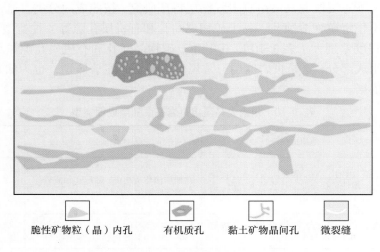

脆性矿物粒（晶）内孔　　有机质孔　　黏土矿物晶间孔　　微裂缝

图 3-30　黏土质页岩储集空间分布模式

3.5.2.2　裂缝

目前，页岩裂缝研究尚处于探索之中，表征的重要参数主要包括裂缝规模（长度和宽度）、产状、充填状况以及裂缝密度等，其中裂缝规模和裂缝密度是判断裂缝发育程度的重要量化指标。根据前人研究成果并结合生产实践，按照裂缝宽度将其分为五级，即微裂缝（缝宽小于 0.1mm）、小裂缝（缝宽 0.1~1mm）、中裂缝（缝宽 1~10mm）、大裂缝（缝宽 10~100mm）和巨裂缝（缝宽大于 100mm）。其中，后四种缝通常叫宏观裂缝，可以用肉眼观察到；微裂缝是页岩中呈开启状的高角度缝、层理缝及长度为几微米至几十微米、连通性较好的微裂隙、粒间孔隙（镜下观察部分以粒间孔隙形式出现），已证实为页岩气富集高产的优质储集空隙，也是裂缝孔隙表征的主要对象。在页岩裂缝孔隙发育段，岩石渗透性较好，渗透率一般在 0.01mD 以上，而在基质孔隙型页岩段，岩石渗透性普遍较差，渗透率一般在 0.01mD 以下，低于前者 2~4 个数量级。裂缝孔隙成因包括构造活动、有机质生烃和成岩作用等，多以构造成因为主。

3.5.3　裂缝孔隙表征方法

裂缝表征是页岩储集空间表征的重要组成部分，也是储集空间定量评价的重点和难点。目前，常用于页岩储集层裂缝多尺度表征的方法包括剖面/岩心观察法、成像测井、常规电阻率测井、岩石薄片/高精度 SEM、孔隙度—渗透率图版法（氦气法/压汞法）、核磁法、双孔隙介质模型法（地质统计法）七种，每种方法表征内容、适用条件及优缺点见表 3-11。其中前 3 种适用于宏观裂缝的精细描述，后 4 种适用于微裂缝（隙）的观察、定性判断和定量计算。本书以黑色页岩段储集层微裂缝识别和定量评价为重点，优选双孔隙介质模型法对四川盆地重点区带五峰组—龙马溪组页岩储集条件开展定量研究。

表 3-11　几种常用的页岩裂缝识别方法表

序号	方法种类	表征内容	优点	缺点	文献
1	剖面 / 岩心观察法	直观观察岩样的裂缝规模（长度和宽度）、产状及充填状况，计算裂缝密度	适宜描述缝宽在 0.1mm 以上的宏观裂缝	对微缝及其充填状况、裂缝孔隙度无法判断和计算	王玉满等，2014，2015
2	成像测井	应用微电阻率、阵列声波等成像技术，识别裂缝规模（长度和宽度）、产状及充填状况，计算裂缝密度	适宜描述缝宽在 5mm 以上的宏观裂缝	无法识别缝宽小于 1 mm 的裂缝，无法计算裂缝孔隙度	
3	常规电阻率测井	通过电阻率锯齿状响应特征，识别裂缝宽度和充填状况，定性判断裂缝密度	适宜描述缝宽在 5mm 以上的宏观裂缝	无法识别缝宽小于 1 mm 的裂缝，无法计算裂缝孔隙度	
4	岩石薄片 / 高精度 SEM	直观观察微裂缝规模（长度和宽度）及充填状况，估算裂缝密度	适宜微裂缝的精细描述	受样品观察点影响大，无法定量计算裂缝孔隙度	王玉满等，2014，2015；丁文龙等，2011
5	孔隙度—渗透率图版法	利用氦气法、压汞法等手段测量岩样孔隙度和渗透率，依据两者相关性和孔隙渗透性的高低定性判断孔隙类型	定性识别微裂缝，判断孔隙类型，依据可靠	无法计算裂缝孔隙度大小，对样品尺寸要求高	王玉满等，2014，2015
6	核磁法	利用岩样孔隙流体中氢原子核磁共振信号，测量岩石孔隙度和渗透率，并利用标准 T2 图谱特征间接判断岩石孔缝类型	定性识别微裂缝，判断孔隙类型，依据可靠，对样品尺寸要求不高	无法计算裂缝孔隙度大小	王玉满等，2014，2015
7	双孔隙介质模型法	依据氦气法等实验测试数据和孔隙体积构成岩石物理模型，计算岩石孔隙度及其主要构成	定量计算基质孔隙度和裂缝孔隙度，判断气藏类型，识别主力产层	受实验测试方法影响大	王玉满等，2014，2015

　　双孔隙介质模型法是定量计算页岩储层基质孔隙度（包括为脆性矿物内孔隙度、有机质孔隙度、黏土矿物晶间孔隙度三部分）和裂缝孔隙度的重要方法，计算公式见式（3-2）和式（3-3）：

$$\Phi_{\text{Total}} = \Phi_{\text{Matrix}} + \Phi_{\text{Frac}} \qquad (3-2)$$

$$\Phi_{\text{Matrix}} = \rho A_{\text{Bri}} V_{\text{Bri}} + \rho A_{\text{Clay}} V_{\text{Clay}} + \rho A_{\text{TOC}} V_{\text{TOC}} \qquad (3-3)$$

式中　Φ_{Total}——页岩总孔隙度，%；

　　　Φ_{Matrix}——页岩基质孔隙度，%；

　　　Φ_{Frac}——页岩裂缝孔隙度，%；

　　　ρ——页岩岩石密度，t/m^3；

　　　A_{Bri}、A_{Clay}、A_{TOC}——分别为脆性矿物、黏土矿物和有机质三者质量百分数，%；

　　　V_{Bri}、V_{Clay}、V_{TOC}——分别表示脆性矿物、黏土和有机质三者单位质量内微孔隙体积，m^3/t。

　　公式（3-2）为双孔隙介质孔隙度计算理论模型。公式（3-3）为基质孔隙度计算模型，V_{Bri}、V_{Clay}、V_{TOC} 分别表示三种物质单位质量对孔隙度的贡献，是模型中的关键参数，需要选择评价区内裂缝不发育的资料点进行刻度计算。

　　本书对国内外 4 个层系 11 个区块进行了刻度计算，计算结果见表 3-12。

表 3-12　海相页岩双孔隙介质关键参数计算值

资料点	三种物质孔隙体积，m³/t			刻度年度	备注
	V_{Bri}	V_{Clay}	V_{TOC}		
涪陵 S_1l	0.0061	0.025	0.17	2015	
长宁 S_1l	0.0079	0.039	0.14	2012	
威远 S_1l	0.0059	0.032	0.11	2013	
威远 $\in_1q$	0.0002	0.022	0.069	2013	有机质碳化
川南深层 S_1l	0.014	0.024	0.14	2016	
恩施 S_1l	0.002	0.012	0.082	2017	有机质碳化
巫溪 S_1l	0.005	0.02	0.088	2017	有机质碳化
Barnett	0.0091	0.022	0.16	2017	
Woodford	0.0004	0.035	0.12	2016	

V_{Bri} 值受岩相影响大，含钙质页岩相因富含有孔虫、颗石藻等钙质生物残骸（残存大量体腔孔），因而普遍具有较高脆性矿物内孔隙（图 3-31）。V_{Clay} 值受成岩作用影响大，V_{TOC} 值受热成熟度影响大，具体表现为：在有效生气窗内，V_{Clay} 值和 V_{TOC} 值保持较高水平，V_{Clay} 值一般为 0.022~0.039m³/t，V_{TOC} 值一般为 0.11~0.17m³/t；在有机质碳化阶段，V_{Clay} 值和 V_{TOC} 值总体较低，V_{Clay} 值一般为 0.012~0.022m³/t，V_{TOC} 值一般为 0.069~0.088m³/t（表 3-12）。可见，有机质碳化对页岩储集空间产生致命伤害，直接导致黏土矿物晶间孔和有机质孔隙大幅度减少，减幅一般为 1/3~1/2。

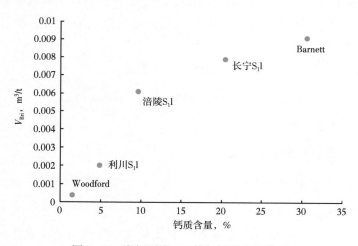

图 3-31　海相页岩 V_{Bri} 值与钙质含量关系

3.5.4　重点区带裂缝孔隙发育情况

基质孔隙 + 裂缝型储层是形成高丰度页岩气田的关键控制因素。为探寻国内外高丰度裂缝型页岩气田储集特征及其成因，应用双孔隙介质孔隙度计算理论模型对长宁气田、川南坳陷深层龙马溪组、涪陵气田、Woodford 气田、恩施龙马溪组、巫溪龙马溪组和川南筇竹寺组等富有机质页岩开展了裂缝孔隙表征，基本揭示了不同类型盆地 / 区带页岩气富集规律。下面重点介绍其中两个重点区带的裂缝孔隙发育情况（表 3-13）。

3.5.4.1 长宁气田龙马溪组

长宁气区主体位于宽缓的斜坡—向斜区，选择对位于长宁构造北斜坡的长芯 1 井进行裂缝孔隙度计算（图 3-32），结果显示：

100~153m 井段（对应的 TOC 1.3%~5.4%，平均 3.3%）总孔隙度为 3.4%~8.4%（平均 5.5%），基质孔隙度 3.4%~8.2%（平均 5.4%），裂缝孔隙度 0~1.2%（平均 0.1%）在基质孔隙度构成中，有机质孔隙度 0.4%~1.9%（平均 1.2%），黏土矿物晶间孔隙度 0.8%~5.6%（平均 3.0%），脆性矿物孔隙度 0.7%~1.7%（平均 1.2%）。裂缝孔隙仅分布于 109.5m、126m、140m 和 143m 等 4 个深度点，即在五峰组顶部—龙马溪组底部（126~143m 段）相对较发育，在其他深度点基本不发育。这表明，在长宁构造斜坡区，五峰组—龙马溪组裂缝孔隙总体不发育，显示出大面积基质孔隙型页岩气藏特征。目前，钻探结果也证实这一点。在长宁多数井区，基质孔隙度平均 5.4%，裂缝孔隙度平均 0.1%，渗透率为 0.00022~0.0019mD（平均 0.00029mD），产层受富有机质页岩集中段控制，厚度一般 33~46m，测试含气量平均 4.1m³/t（游离气含量平均 60%），水平井测试产量为（5.55~27.4）×10⁴m³/d（平均 13.46×10⁴m³/d，相当于涪陵气田的 37%，见表 3-13）。

表 3-13 页岩气重点区带储集参数的对比表

气田名称		长宁气田	涪陵气田
气区面积，km²		2050	545
构造背景		宽缓斜坡和向斜	箱状背斜，产层大面积滑脱
层位		O_3w–S_1l	O_3w–S_1l
TOC 大于 2% 页岩厚度，m		33~46	38~44
沉积环境		深水陆棚	深水陆棚
地化参数	TOC，%	1.9~7.3/4.0	1.5~6.1/3.5
	R_o，%	2.3~2.8/2.5	2.2~3.1/2.6
	有机质类型	Ⅰ 型、Ⅱ₁ 型	Ⅰ 型、Ⅱ₁ 型
孔隙类型		基质孔隙为主，少量裂缝	基质孔隙和裂缝
物性	总孔隙度，%	3.4~8.4/5.5	4.6~7.8/5.8
	基质孔隙度，%	3.4~8.2/5.4	3.7~5.2/4.6
	裂缝孔隙度，%	0~1.16/0.12	0.5~3.3/1.6
	渗透率，10⁻³μm²	0.00022~0.0019/0.00029	0.05~0.3/0.15
水平井单井产量，10⁴m³/d		5.55~27.4/13.5	5.9~54.7/36.4
单井 EUR，10⁸m³		0.8~1.0	1.13~2.0

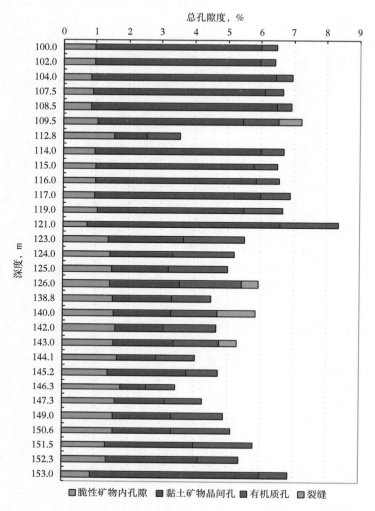

图3-32　长芯1井五峰组—龙马溪组富有机质页岩段总孔隙度构成图

3.5.4.2　涪陵气田龙马溪组

涪陵气田已钻JY1、JY2、JY3和JY4等多口评价井，岩矿、有机质丰度和物性等地质资料齐全，具有页岩气储集空间定量表征的有利条件。其中，JY1井龙马溪组孔隙度分布特征与长宁地区相似，渗透率一般在0.01mD以下，裂缝孔隙总体不发育，可以作为刻度 V_{Bri}、V_{Clay}、V_{TOC} 的资料点；JY2和JY4井表现为高孔高渗特征，渗透率一般在0.1mD以上，是裂缝孔隙评价的重点。选择JY4井进行裂缝孔隙度计算，评价结果显示如图3-33所示：

JY4井2537.38~2590.24m段（TOC1.0%~6.0%，平均2.9%）总孔隙度为4.6%~7.8%（平均5.8%），其中基质孔隙度为3.7%~5.2%（平均4.6%），裂缝孔隙度为0.3~3.3%（平均1.3%）（图3-33）。在基质孔隙度构成中，有机质孔隙度为0.6%~2.0%（平均1.3%），黏土矿物晶间孔隙度1.2%~3.6%（平均2.4%），脆性矿物孔隙度0.6%~1.2%（平均0.9%）。裂缝孔隙分布于2540.34m以下的18个深度点，且孔隙度值自上而下增加，从2540.34m的

0.3% 增至 2590.24m 的 3.3%，在底部 20m 深度段（2570.89~2590.24m）达到 1.1%~3.3%（平均 1.9%）。实验测试显示，该裂缝发育段 18 个深度点纵向渗透率为 0.05~0.3mD（平均 0.15mD）。这表明，2540m 以下深度段为裂缝孔隙集中发育段，孔缝纵向渗透性好，基本处于上下连通状态，集中段厚度超过 60m，远大于底部富有机质页岩段 39.5m；裂缝孔隙度向底部增大，在五峰组（2590.24m）达到 3.3% 的峰值，显示裂缝纵向发育特征与五峰组—龙马溪组底部的滑脱变形作用有关。可见，该井区页岩气产层不再局限于富有机质页岩段，而是拓展为整个裂缝孔隙发育段，且五峰组对页岩气产能贡献突出。

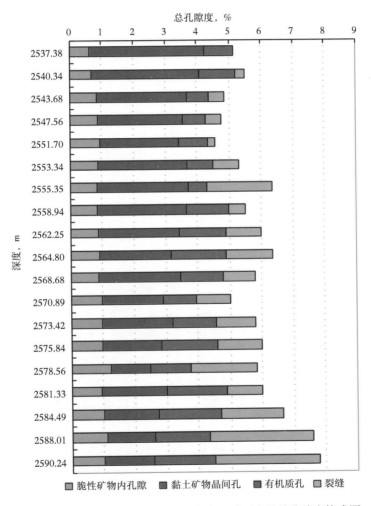

图 3-33　JY4 井五峰组—龙马溪组富有机质页岩段总孔隙度构成图

钻探证实，涪陵气田大部分井区与 JY4 井类似，为基质孔隙 + 裂缝型页岩气藏，五峰组—龙马溪组测试含气量平均 6.1 m³/t（通过与 Barnett 对比，推测游离气含量可能高达 80%），水平井测试产量为（5.9~54.73）×10⁴m³/d（平均 36.42×10⁴m³/d）（表 3-13）。此种页岩气藏的造缝机制与特殊的构造背景有关。据郭彤楼、张汉荣研究，涪陵气田已证实为晚期反转且具有特殊箱状背斜构造的高产页岩气田，裂缝的形成缘于区内北东向和南北向的两组（两期）断裂体系与五峰组—龙马溪组底部滑脱层的共同作用，产层发育大范围且相互连通的网状裂缝。据此推断，位于川南、川东和盆地周缘的梳状背斜带是基质孔隙＋裂缝型页岩气藏发育的有利地区，但分布范围可能相对局限。

3.5.5 高过成熟页岩优质储集空间发育主控因素

经过上述四个区带的储集空间定量表征发现，有机质孔隙和裂缝孔隙发育是海相页岩的优质储集空间，也是页岩气富集高产的关键控制因素之一。目前，在四川盆地及周缘，下寒武统和下志留统两套页岩总体进入高过热成熟阶段，且大部分处于强改造区。因此，对两套页岩优质储集空间发育程度的影响因素主要为有机质碳化和构造改造。

3.5.5.1 有机质碳化对储集空间产生致命伤害

有机质碳化是进入高过热成熟阶段的烃源岩经过有机质降解、裂解等过程，其有机质部分或全部转化为石墨或类石墨物质的一种自然现象，因此也成为判断烃源岩进入极高热成熟的重要标志。研究证实，长宁—昭通地区筇竹寺组已出现大面积有机质碳化特征：有机质激光拉曼图谱显示 D 峰大于 G 峰，并且出现 G'峰（即石墨峰）；富有机质页岩段普遍出现测井电阻率在 $2\Omega \cdot m$ 以下、干岩样电阻率在 $100\Omega \cdot m$ 以下的超低电阻响应特征，即有机质出现强导电性。根据有机质激光拉曼图谱和超低电阻响应特征显示，筇竹寺组处于超无烟煤／变沥青阶段。目前，电阻率测井响应在四川盆地海相页岩有机质碳化研究中应用效果较好。

有机质碳化对页岩储层的伤害主要表现为：页岩的生气潜力衰竭，有机质孔隙减少甚至消失（图 3-34），如恩施龙马溪组碳化区 V_{TOC} 值减少至 $0.082\mathrm{m}^3/\mathrm{t}$，威远筇竹寺组碳化区 V_{TOC} 值减少至 $0.069\mathrm{m}^3/\mathrm{t}$，分别相当于长宁龙马溪组的 59%、50%（表 3-12）；有机

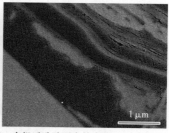

（a）龙马溪组，R_o=2.3%~2.8%，有机质孔隙形态轮廓清晰，
面孔率11.9%~23.9%，V_{TOC}=0.138m³/t

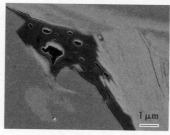
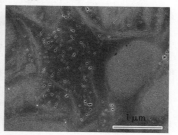

（b）筇竹寺组，R_o=3.2%~3.6%，有机质孔隙部分出现塌陷且边界模糊，
面孔率4.6%~10.6%，V_{TOC}=0.069m³/t

图 3-34　川南筇竹寺组和龙马溪组黑色页岩有机质孔隙微观特征对比图（据王道富等，2013）

质对天然气的吸附能力降低，如筇竹寺组有机质碳化层段的吸附能力仅为龙马溪组 80%；在有机质碳化阶段，由于成岩作用过强（几乎全部转化为伊利石和绿泥石），黏土矿物结晶度高，黏土矿物晶间孔大量减少，如恩施龙马溪组 V_{Clay} 值 0.012m³/t，仅为长宁气田的 31%（表 3-12）。受有机碳化影响，富有机质页岩物性和含气性普遍较差，恩施龙马溪组基质孔隙度低于 2.5%，含气量仅 0.13~0.48m³/t（平均 0.25m³/t），长宁筇竹寺组基质孔隙度一般 1.4%~3.1%（平均 1.7m³/t），无气显示。可见，有机质碳化应是导致高过成熟海相页岩物性和含气性变差的首要地质原因。

3.5.5.2 构造运动（尤其盐底滑脱）对裂缝孔隙形成具有重要贡献

构造活动对页岩储集层的改造效果区域变化大，主要表现为不同构造样式和褶皱机制产生裂缝孔隙的规模差异大。以国内外 6 个大型页岩气田为主要研究对象，通过开展黑色页岩天然裂缝发育特征及其形成机制研究发现，海相页岩天然裂缝的形成至少存在前陆盆地冲断褶皱与页岩层滑脱变形、晚期构造反转与页岩层滑脱变形、走滑断层周期性活动等三种机制。

（1）前陆盆地冲断褶皱与页岩层滑脱变形。是北美地台 Appalachian-Quachita 褶皱带的诸多前陆盆地普遍存在的页岩地层造缝机制，一般具有水平剪切作用时间长、页岩层发生水平位移距离较远、在页岩层中产生的共轭裂缝和微裂隙十分发育等特点。该构造活动机制控制形成了 Appalachian 盆地 Marcellus 核心区、Arkoma 盆地 Woodford 气田等高丰度页岩气田，例如：Marcellus 核心区裂缝孔隙度一般可达 3.5%~4.5%，总孔隙度一般为 6.0%~10.0%（平均 8.0%）。

（2）晚期构造反转与页岩层滑脱变形。是裂谷盆地和叠合盆地中重要的造缝机制，页岩地层天然裂缝发育程度主要与晚期构造反转的强度和规模有关，受此控制形成的高丰度页岩气田包括 Hays Neville 页岩气田和四川涪陵龙马溪组气田，例如：Hays Neville 核心区裂缝孔隙度一般可达 3%~4%，总孔隙度一般为 8%~9%。

（3）走滑断层周期性活动。主要存在于少数盆地的局部构造带，造缝区域相对局限。该类构造活动机制主要发生于 Fort Worth 盆地 Barnett 核心区，受 Mineral Wells-Newark East 断裂周期性活动影响，Barnett 核心区发育大量裂缝孔隙。实验分析证实，Barnett 核心区页岩总孔隙度为 4.0%~6.3%（平均为 5.4%），其中基质孔隙度为 2.7%~5.0%，裂缝孔隙度为 0.8%~1.0%，渗透率为（0.15~2.5）×10⁻³μm²。在拓展区和外围区，裂缝基本不发育。

在上述海相页岩天然裂缝的形成机制中，前两种均与受基底盐运动控制的页岩层滑脱变形有关，是前陆盆地和叠合盆地中常见的造缝机制，第三种主要存在于少数盆地的局部构造带，造缝区域相对局限，在四川盆地及周边基本不存在。

这说明，只有受基底盐运动控制的晚期页岩层滑脱变形在四川盆地局部地区具有形成高丰度裂缝型页岩气田的可能性。在四川盆地东南部、东部以及鄂西地区，寒武系广泛发育膏盐岩（厚度一般 50~200m），受此滑脱层控制，五峰组—龙马溪组"甜点层"在燕山期以来的盐底滑脱构造中易形成裂缝孔隙发育段，因此上述探区是四川盆地及其周边裂缝孔隙发育的潜在有利地区。

4　页岩气"甜点区"的预测与评价研究

4.1　页岩储层岩石物理特征研究

在页岩气勘探中，以地震技术为主体的气藏描述技术是页岩气储层识别与评价的核心。如在勘探阶段利用地震资料确定页岩储层形态（埋深、厚度及构造形态），进而利用反演技术确定储层有利区（有机质含量、孔隙度等）；在开发阶段利用地震技术确定储层各向异性特征、地震弹性特征、脆性特征等，为水平井的部署、井身设计及压裂改造提供依据。而页岩的地震岩石物理特征正是利用地震属性求取页岩储层物性特征（有机质含量、孔隙度等）及力学特征（脆性）的直接桥梁。以美国为代表，国外在页岩气勘探方面起步较早，对主要页岩储层的岩石物理特征研究也较为系统。其中页岩实验与理论建模方面代表性工作有，Vernik 与 Nur 利用实验测量结果给出了干燥条件下 Bakken 页岩的弹性各向异性特点，分析了有机质含量、成熟度对岩石速度特征与各向异性特征的影响，并指出页岩的各向异性决定于矿物的优选方向及平行于层理的裂缝。Sondergeld 和 Cai 对 Kimmeridge 页岩的声学性质进行了实验研究，认为页岩各向异性随着有机质含量的增加而变大，有机质含量的增加会导致密度的减小进而产生与压实作用相反的效应，并指出弱各向异性的假设不能用于页岩的地震模拟中。邓继新等在实验室超声波频率下对层理发育的页岩和泥岩的各向异性进行了研究，给出了在干燥和油饱和条件下，样品不同方向上纵、横波速度及各向异性参数随压力的变化规律及探讨了围压和孔隙流体对泥岩、页岩各向异性的影响。Horndy 等将自洽模型与微分等效模型相结合对 Kimmeridge 页岩的地震弹性性质进行了模型表征，该模型将黏土作为支撑岩石的连续骨架，而将其他矿物如石英、长石、黄铁矿等看作分散于黏土中的孤立夹杂体。Carcione 利用 Backus 平均计算页岩中黏土颗粒定向对其地震弹性性质及各向异性的影响。李向阳等在自洽模型和微分等效介质模型的基础上，给出富有机质页岩的地震岩石物理模型，并藉此讨论孔隙形状、矿物组分变化对页岩弹性性质的影响。

由于不同储层岩石在沉积历史和环境（应力场变化、矿物成分等）等多个方面存在差异，造成特定储层的岩石物理实验研究结果也具有区域性而不能随意外推。因此，需要对国内页岩气勘探的主要层位龙马溪组页岩的基本地震岩石物理特征进行系统的实验研究。页岩的地震弹性性质受岩石自身的结构特征所控制，从微观尺度准确给出页岩岩石的结构特征（包括主要组成矿物空间分布和岩石骨架的关系、有机质空间分布特征、孔隙结构特征）是分析其地震弹性性质及其影响因素的关键，也是建立表征页岩地震弹性性质的岩石物理模型的关键所在。特定的成岩作用塑造了不同的岩石结构特征，最终影响其地震弹性性质。目前，对龙马溪组页岩储层岩石的相关研究仍较为缺乏，因此，本书主要利用龙马溪组页岩的系统动、静态弹性性质测量，在分析地震岩石物理特征的变化规律的基础上，通过对岩石微观结构及成岩过程的刻画建立储层岩石的地震岩石物理特征与成岩作用的联系。

4.1.1 龙马溪组页岩样品地震岩石物理特征

4.1.1.1 实验样品制备与测量

页岩气储层岩石孔隙流体特征及其赋存状态相对于常规储层岩石更为复杂且无统一认识，下文主要讨论岩石样品饱和气条件下的声学特征。首先将样品置于温度为70℃的烘箱中均匀烘干48h以使样品达到"相对"干燥条件（样品中仅含结晶水与黏土约束水），并将烘干后的样品在潮湿空气下露天放置24h以上，得到约含有2%~3%水分的"干燥"样品，以消除黏土矿物脱水对岩石骨架的破坏作用。由于页岩气储层岩石低孔、低渗的特征，常规孔隙度、渗透率测量方法较难得到准确结果。在利用XRD得到矿物组分及其含量的条件下，可进一步计算得到岩石等效颗粒密度，在得到岩石干燥密度后，可较为准确地计算出岩石样品的孔隙度（总孔隙度）。为准确测量岩石样品的各向异性特征，需将所研究的样品分别沿平行于层理方向（垂直于对称轴）、垂直于层理方向（平行对称轴）、与对称轴呈一定角度（通常大于30°）的三个不同方向切制成圆柱状。所有样品直径均为25.4mm，高在40~55mm间不等，两端面磨平抛光斜度小于0.05 mm。

利用超声波脉冲穿透法测定样品速度。装置配套纵波PZT换能器的主频为800kHz，横波主频为350kHz。实验中，压力从2 MPa开始加至70 MPa，在10MPa前每隔2MPa测量一次，随后每5MPa测量一次，压力点测量间隔15min以保证围压在样品中平衡，压力偏差小于0.3%。根据振动方向、传播方向及岩石样品层理三者之间的关系，可以在三个不同方向样品上得到九个速度。平行对称轴（垂直于层理与对称轴呈0°角）传播的$v_{P-0°}$、$v_{SV-0°}$（层理面内且振动方向垂直于对称轴）、$v_{SH-0°}$（振动方向在层理面内，并与$v_{SV-0°}$振动方向垂直）；平行层理（与对称轴呈90°角）方向传播的$v_{P-90°}$、$v_{SV-90°}$（振动方向同时垂直于层理）、$v_{SH-90°}$（振动方向在面内且垂直于对称轴）；与对称轴成45°角传播的$v_{P-45°}$（振动方向与传播方向一致）、$v_{SV-45°}$（振动方向水平）、$v_{SH-45°}$。速度测量相对误差的量级纵波约为1%，横波约为2%。

图4-1给出本次测量典型页岩样品（YS108H8井）在不同极化方向和传播方向下的纵、横波速度随压力的变化，该样品代表了具有明显各向异性页岩样品的普遍速度关系。图中可以看出，不同压力横波速度$v_{SV-0°}$、$v_{SH-0°}$、$v_{SV-90°}$相差很小，即存在$v_{SV-0°} \approx v_{SH-0°} \approx v_{SV-90°}$。所有页岩样品上述三个横波速度差异均较小，最大不超过2%。考虑到样品制备过程中会造成沿不同方向切制的样品之间存在一定的差异，以及速度读取的误差，可以认为上述三个横波（$v_{SV-0°}$、$v_{SH-0°}$、$v_{SV-90°}$）的速度是近似相等的。在相同的压力下，所有页岩样品纵波速度均表现出相同的变化关系：$v_{P-90°} > v_{P-45°} > v_{P-0°}$。横波速度关系较为复杂，大部分样品存在关系：$v_{SH-90°} > （v_{SV-45°}、v_{SH-45°}） > （v_{SV-0°}、v_{SH-0°}、v_{SV-90°}）$，而横波$v_{SV-45°}$与$v_{SH-45°}$之间速度大小无一定的规律；少量样品在低围压下表现出$v_{SV-0°} > v_{SH-90°}$特征。依据速度关系，可将所研究页岩样品的弹性性质看作是横向各向同性的，即VTI介质。利用速度与密度测

量结果可进一步计算表征 VTI 介质的五个独立弹性刚度系数（C_{11}，C_{33}，C_{44}，C_{66} 与 C_{13}）。需要说明的是：对于少量不完全满足 VTI 介质的页岩样品，为便于比较仍用相同的方法计算上述五个刚度系数以代表其等效弹性性质。

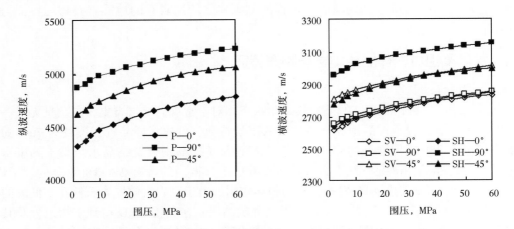

图 4-1　典型样品在不同方向上的纵波速度与横波速度随围压变化

4.1.1.2　TOC 含量变化规律

图 4-2（a）给出页岩样品中孔隙度随 *TOC* 的变化关系，两者呈现出较为明显的正相关关系，也说明龙马溪组页岩中有机质微孔是重要的孔隙类型之一。随着 *TOC* 含量的增加，更多的有机质孔隙会在生烃过程中形成，尤其是对于过成熟的龙马溪组页岩。同时，更高的 *TOC* 含量也意味着更高的石英含量［图 4-3（a）］，而石英含量的增加会增强岩石的刚度，从而抵消压实作用对于孔隙减少的影响，不但使更多的有机质孔隙得以保存，同时也使更多的粒间原生孔隙得以保存。

图 4-4 中给出 YS108H8 井中五峰组—龙马溪组页岩 *TOC* 含量与石英含量的关系。可以看出五峰组—龙马溪组页岩下段高 *TOC* 含量的优质页岩同样表现出与实验结果相一致的规律，即 *TOC* 含量随着石英含量的增加而呈现出近于线性增大的趋势，而该层段上部 *TOC* 含量与石英含量间则不存在明显的相关关系。

现有研究表明龙马溪组页岩下段地层中存在大量的生物成因石英，该类石英为硅质浮游生物（褐藻、放射虫、硅质海绵骨针）躯壳在埋藏过程中溶解所形成的蛋白石-A 再经历沉积或者重结晶形成。在这个过程中蛋白石-A 向蛋白石-CT 转化，然后转化为隐晶质、微晶或者粗晶石英。在五峰组—龙马溪组页岩下段的 SEM 图像中，亦可见大量与藻类相伴生的石英及 *TOC*。硅质浮游生物是古代海洋高有机质初级生产力的主要提供者，在硅质浮游生物溶解形成生物成因石英的同时，骨骼中的有机质沉积亦会使沉积物中的有机质含量增高。因此，较高含量的生物成因石英代表古海水环境中藻类等的繁盛，而藻类的繁盛提高了沉积物中的有机质供给量，对有机质的富集更加有利。同时相对于化学压实作用，更早形成的生物成因的石英会明显增大沉积物骨架的刚性（抗压性），从而进一步提高有机质的保存率。上述原因造成了龙马溪组下段的高 *TOC* 优质储层表现出明显的石英含量与 *TOC* 含量的相关性。

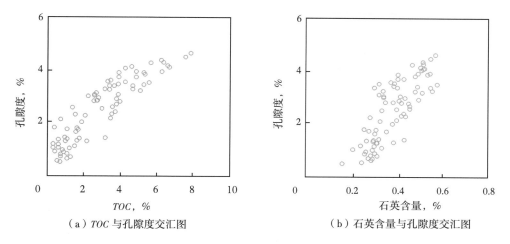

（a）TOC 与孔隙度交汇图　　　　　　（b）石英含量与孔隙度交汇图

图 4-2　五峰组—龙马溪组页岩 TOC 含量、石英含量及孔隙度交汇图

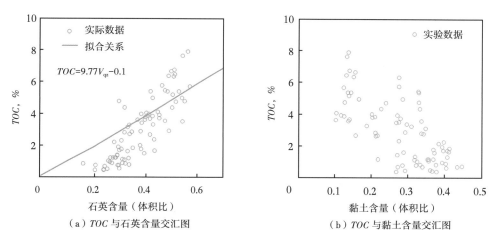

（a）TOC 与石英含量交汇图　　　　　　（b）TOC 与黏土含量交汇图

图 4-3　五峰组—龙马溪组页岩 TOC 含量、石英含量和黏土含量交汇图

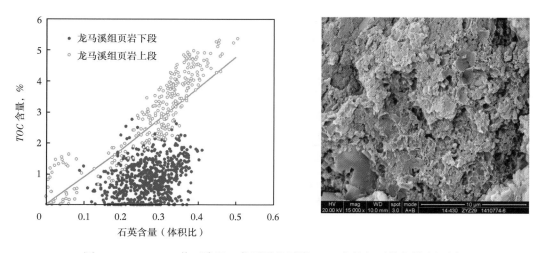

图 4-4　YS108H8 井五峰组—龙马溪组页岩 TOC 含量与石英含量交汇图

4.1.1.3 密度变化规律

基于质量平衡方程，TOC体积分数（%）K与其质量分数（%）可表示为式（4-1）和式（4-2）：

$$K = \frac{TOC}{C_k} \cdot \frac{\rho_b - \rho_f \Phi}{\rho_k (1 - \Phi)} \tag{4-1}$$

$$\rho_m = \rho_{nk}(1 - K) + \rho_k K \tag{4-2}$$

式中　C_k——依赖于页岩成熟的常数，取值为 0.7~0.85，本次取 0.85；

　　　Φ——页岩样品孔隙度；

　　　ρ_b、ρ_k、ρ_f——分别为页岩样品实测密度、TOC密度及孔隙饱和流体密度；

　　　ρ_m——页岩固体骨架密度（包括TOC，不包括孔隙）。

式（4-2）中ρ_{nk}为页岩样品组成颗粒密度，考虑到页岩骨架主要由石英、黏土、黄铁矿及方解石构成，其等效颗粒密度通常范围为：2.72~2.81g/cm³；TOC密度ρ_k的变化范围为 1.3~1.6g/cm³。则页岩样品的孔隙度（Φ）可表示为式（4-3）：

$$\Phi = \frac{\rho_m - \rho_f}{\rho_b - \rho_f} \tag{4-3}$$

图 4-5 为依据式（4-1）至式（4-3）所计算的TOC含量与密度理论关系图解（变等效颗粒密度），并将 Zhao104 井、YS108 井、YS109 井中样品TOC与体密度测量结果投入图中。可以看出，相对于美国典型页岩储层，龙马溪组页岩密度明显偏高（均大于 2.5g/cm³），孔隙度偏小（孔隙度通常小于 5%）。TOC质量含量与密度有较好的对应关系，密度值越高则TOC含量越低，可以根据实验建立TOC含量与密度的关系来利用地震反演密度结果定量预测TOC的含量。

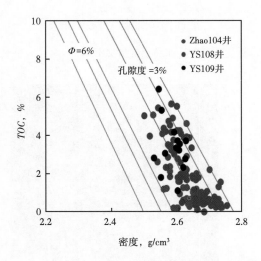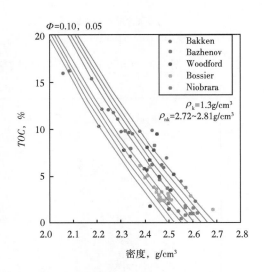

图 4-5　页岩样品密度—TOC质量含量交汇图

依据公式，改变TOC密度同样可以得到TOC含量与密度理论关系图解。将 Zhao104 井、YS108 井、YS109 井中样品TOC与体密度测量结果投入图 4-6 中可以看出，龙马溪组页岩储层岩石经历更长时间的地质演化表现出更高的岩石骨架密度，储层岩石密度通常大于 2.5g/cm³，所含的 *TOC* 经过更长时间的演化，其密度更高，美国典型页岩气储层 *TOC* 密度小于 1.4g/cm³，而龙马溪组页岩储层岩石 *TOC* 的密度高于 1.6g/cm³。

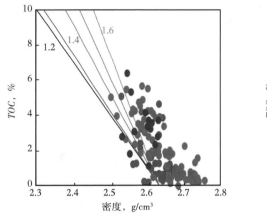
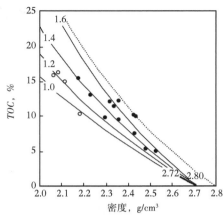

图 4-6　页岩样品密度—*TOC* 质量含量交汇图（变 *TOC* 密度）

4.1.1.4　速度变化规律

图 4-7 为 30MPa 围压下页岩样品中石英含量对于垂直层理传播的纵、横波速度的影响。可以看出，纵波阻抗随石英含量的增加呈近似的"V"形趋势，即纵、横波速度先随石英含量的增加而减少直到某一特征石英含量，随后速度又随石英含量的增大而增大，该速度（阻抗）的转折点出现在石英含量大于 40% 处。

纵波阻抗（速度）随石英变化方式表明：在石英含量小于 40% 时（对应黏土含量大于 30%），弹性性质较"软"的黏土颗粒作为岩石的骨架，此时石英含量的增加不改变岩石的结构特征，岩石骨架弹性性质受黏土颗粒弹性性质控制。虽然石英含量的增加会增大骨架等效弹性模量，但石英含量的增大也会使岩石样品的有效孔隙度增大，从而降低骨架的弹性模量，其综合效应使得速度随石英含量的增加并不表现出明显的变化。在该石英变化范围内，样品的速度也受到钙质胶结物的影响，变现为样品的纵、横波速度随钙质胶结物的增加而迅速增大。而当石英含量大于 40%（黏土含量小于 30%）时，岩石骨架支撑颗粒逐渐发生变化，逐渐由黏土颗粒支撑转变为石英颗粒支撑，此时岩石骨架的弹性性质受较"硬"的石英颗粒控制，造成速度或者阻抗的增加。由于骨架从黏土支撑到石英支撑是渐变的，样品的速度在石英含量大于 40% 时仍表现出明显的分层性（按黏土含量，图中绿色箭头方向），代表岩石骨架中石英颗粒支撑部分逐渐增多。而在黏土含量差异不大时，速度则随石英含量的增加而增大（图中黑色箭头方向），这种变化趋势反应岩石样品中 *TOC* 及孔隙度的影响，即当石英含量增大时，样品的 *TOC* 及孔隙度会随之增大，*TOC* 及孔隙度的增大使得速度逐渐减小。

图 4-8（a）为 30MPa 围压下页岩样品中 *TOC* 含量对于垂直层理传播纵、横波速度的影响。整体上样品的纵横波速度随 *TOC* 含量的增大而减小，但这种变化极不规律，反映出 *TOC* 并非是影响岩石介质速度的唯一因素。由于结构对岩石速度的控制作用，将样品按黏土含量分类（黏土含量大于 30%，黏土含量 20%~30%，黏土含量小于 20%），在每

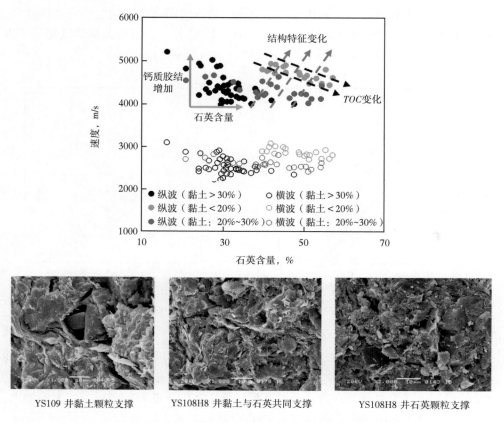

图 4-7 龙马溪组页岩样品速度随石英含量变化特征

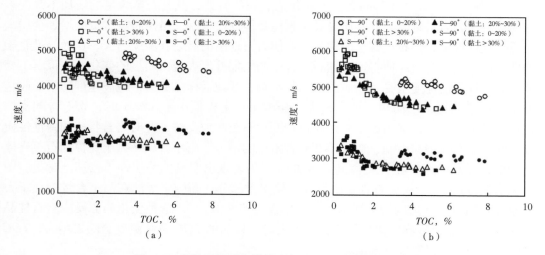

（a） （b）

图 4-8 龙马溪组页岩样品速度随 TOC 含量变化特征

一类中速度随 TOC 含量的增加，表现出较为明显的下降趋势，这种趋势对于 TOC 含量高于 2% 的样品更为明显。即利用速度（阻抗）与 TOC 含量建立关系来定量预测 TOC 含量具有多解性，高 TOC 含量的页岩样品既可以表现出高速度、高阻抗（石英含量、孔隙度均较大，石英作为岩石的支撑颗粒），也可以表现出低速度与低阻抗特征（石英含量相对较小，黏土与石英共同作为岩石的支撑颗粒）。图 4-8（b）为 30MPa 的围压下页岩样品中 *TOC* 含量对于平行层理传播纵、横波速度的影响，具有和垂直层理传播纵、横波速度相一致的变化规律。

图 4-9（a）为 30MPa 的围压下页岩样品 $E \cdot R_{ho}$（杨氏模量与密度的乘积）与 $Lamd \cdot R_{ho}$（拉梅系数与密度的乘积）交汇图，计算中纵、横波速度采用垂直层理传播传播的纵、横波速度。图中可以看出，随着 *TOC* 含量的增大，$E \cdot R_{ho}$ 与 $Lamd \cdot R_{ho}$ 的值均减小，高 *TOC* 含量的有利页岩样品与低 *TOC* 含量的页岩样品具有明显的分区性，*TOC* 含量大于 2% 的样品主要集中于 $E \cdot R_{ho}$ 值小于 170 和 $Lamd \cdot R_{ho}$ 值小于 60 的区域。$E \cdot R_{ho}$ 值随 *TOC* 含量的减少主要反应孔隙度的影响，即孔隙度会随样品 *TOC* 含量的增大而增大，同时也反应石英含量的影响，即石英含量也会随 *TOC* 含量的增大而增大。也正是基于上述原因，纵横波速度比（泊松比）也与 *TOC* 含量具有明显的负相关关系，即速度比（泊松比）对 *TOC* 含量也具有较好的指示作用[图 4-9（b）]。

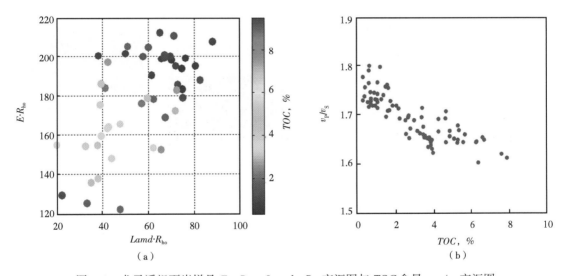

（a） （b）

图 4-9 龙马溪组页岩样品 $E \cdot R_{ho}$—$Lamd \cdot R_{ho}$ 交汇图与 *TOC* 含量—v_P/v_S 交汇图

图 4-10 为 30MPa 围压下页岩样品孔隙度—速度交汇图。图中可以看出，速度随孔隙度变化主要表现为两种趋势：

（1）孔隙度小于 2% 的页岩样品表现出较大的孔隙度—速度变化率。

（2）孔隙度大于 2% 的页岩则表现出较小的孔隙度—速度变化率。孔隙度小于 2% 的页岩样品表现为高泥质含量及低 *TOC* 含量的特征，而该类页岩主要分布于龙马溪组页岩上段，孔隙以黏土粒间孔隙为主，受黏土颗粒形状的控制具有较小的纵横比，造成速度随孔隙度的增加而迅速降低。孔隙度大于 2% 页岩样品主要分布于龙马溪组页岩下段，为深水陆棚相环境，孔隙以有机质孔隙为主，而 *TOC* 主要赋存于原生矿物孔隙中（尤其是刚性石英颗粒间），孔隙从弹性特征上看具有高纵横比特征，*TOC* 高度成孔，显示压实作用较弱，造成速度随孔隙的增加仅缓慢降低。

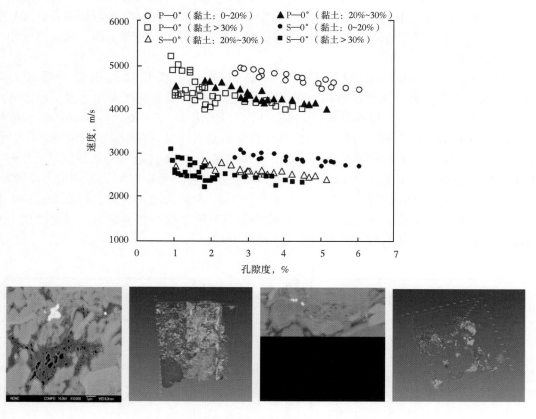

图 4-10　龙马溪组页岩样品速度—孔隙度关系

4.1.1.5　弹性各向异性变化规律

干燥样品各向异性参数 ε 和 γ 随有效压力变化，参数 ε 和 γ 分别反映了纵波速度和横波速度的各向异性。当样品密度取每组样品的平均密度的时候，这两个参数可以用式（4-4）与式（4-5）计算得到：

$$\varepsilon=\frac{C_{11}-C_{33}}{2C_{33}}=\frac{v_{\mathrm{PH}}^{2}-v_{\mathrm{PV}}^{2}}{2v_{\mathrm{PV}}^{2}} \tag{4-4}$$

$$\gamma=\frac{C_{66}-C_{44}}{2C_{44}}=\frac{v_{\mathrm{SH}}^{2}-v_{\mathrm{SV}}^{2}}{2v_{\mathrm{SV}}^{2}} \tag{4-5}$$

公式里的 C_{11}、C_{33}、C_{44}、C_{66} 都是表征横向各向同性介质弹性性质的弹性参数。图4-11（a）给出典型页岩样品垂直层理传播纵波、横波速度随围压的变化关系。可以看出，样品的纵、横波速度都随着有效压力的增加而增大。对于黏土含量较高的两个样品（$V_{\mathrm{Clay}}=44.3\%$，$V_{\mathrm{Clay}}=44.8\%$），速度—压力曲线在围限压力较低时呈非线性的幂指数增长趋势，而在高压时为则表现为单一的线性增长趋势。岩石样品低压力时所表现出的非线性变化趋势主要与样品中微裂隙和粒间孔隙的闭合有关，而高压时的线性增长则和硬孔隙在压力下的闭合或者组成岩石颗粒压缩（"晶格压缩"）有关。速度—压力曲线说明了高黏土含量页岩样品内部有着纵横比较小的微裂隙。由扫描电镜观察结果可以发现，页岩样品内部的微裂隙主要由黏土矿物的应力释放和黏土矿物脱水产生，而微裂隙的定向则与黏土的定向具有一致性，造成高黏土含量的样品其纵、横波各向异性随压力的变化也最为明显[图4-11（b）]。其余页岩样品的速度随压力的增加表现出近于线性的变化，反映样品中主要包含有机质孔和原生粒间孔这样的纵横比较大的"硬"孔隙。同时这些低黏土含量的页岩样品各向异性均较小，而且其各向异性参数随压力变化也非常不敏感。从实验结果还可以发现，黏土含量 $V_{Clay} = 6.5\%$ 的页岩样品在围压小于 10MPa 的情况下横波各向异性（γ）小于零。由于微裂隙赋存位置和层间结构原因，微裂隙通常与黏土颗粒具有相同的定向特征。因此，较低的各向异性说明了大多数的黏土矿物的定向是随机的，故而微裂隙也表现为随机定向，造成各向异性随围压变化也较小。当存在多组裂隙定向时，各向异性因子也会表现为小于 0 的值；随压力的增大，微裂隙逐渐闭合，各向异性参数也逐渐增大而在压力较高时表现为高于 0 的值。

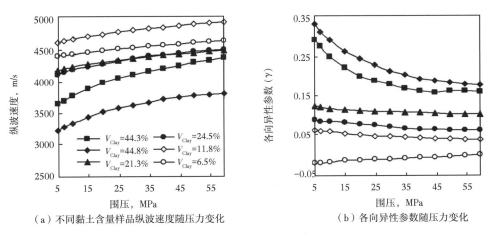

（a）不同黏土含量样品纵波速度随压力变化　　（b）各向异性参数随压力变化

图 4-11　龙马溪组页岩样品纵波速度变化特征与各向异性特征

通常认为页岩的弹性各向异性特征主要由三个方面的因素决定：黏土颗粒定向、*TOC* 定向、孔隙定向。图 4-12 中可以看出，样品各向异性和黏土含量表现出较好相关关系，但同样能够看出在相同的黏土含量下不同沉积环境下样品的各向异性特征具有很大的差异，深水陆棚相的岩石其各向异性要明显的偏小，反应在沉积过程中压实作用是有明显差异的，深水陆棚相的岩石压实作用明显偏小。造成上述现象的主要原因是深水陆棚相的岩石具有以石英颗粒为岩石骨架的特征，而石英颗粒具有较强的抗压实性质，致使黏土矿物不容易形成定向排列。高 *TOC* 含量的优质储层其各向异性参数随黏土含量的变化符合式（4-6）：

$$\varepsilon = 0.0016V_{Clay}^{1.32}\left(R^2 = 0.87\right), \gamma = 0.0015V_{Clay}^{1.33}\left(R^2 = 0.82\right) \tag{4-6}$$

龙马溪组页岩高 *TOC* 含量的优质储层中，*TOC* 主要赋存于石英颗粒构成的刚性孔隙中，造成龙马溪组页岩相对于 Bakken 页岩其 *TOC* 不对各向异性形成明显的贡献（图 4-13）。对于黏土含量较低的样品（高石英含量、高 *TOC* 含量），在标本上均能观察到明显的层状构造特征，说明宏观的层理构造并不一定代表岩石在微观（矿物颗粒）尺度上存在组成矿物颗粒的定向。当黏土含量低于某个临界值时，构成岩石骨架的矿物为石英颗粒而非黏土矿物了，同样岩石骨架也表现为石英颗粒而非黏土颗粒。这样看来，低黏土含量（高石英含量、高 TOC 含量）样品如果从岩石结构来进行分类的话可以认为是页岩，而从组分和微观结构的角度来看则可以归类为细粉砂岩。

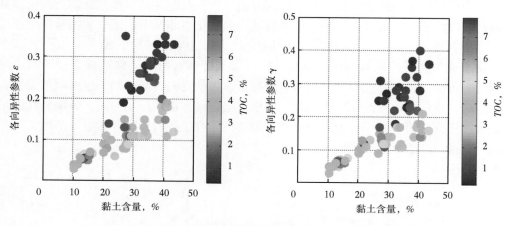

图 4-12　龙马溪组页岩样品各向异性参数随黏土含量的变化

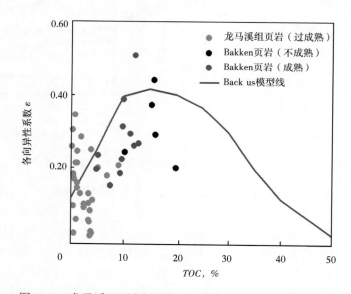

图 4-13　龙马溪组页岩样品各向异性参数随 TOC 含量的变化

　　图 4-14（a）给出龙马溪组页岩样品在 30MPa 下各向异性因子 ε 与 γ 之间的变化关系。各向异性因子 ε 与 γ 之间线性关系较为明显，相对于王之敬所给的页岩样品 ε 与 γ 关系公式（共 259 块样品）：$\gamma=0.956\varepsilon-0.01049$，本次测量结果为：$\gamma=0.95\varepsilon-0.076$，拟合线整体略微偏上。图 4-14（b）、（c）分别给出 30MPa 下页岩样品各向异性因子 $\varepsilon-\delta$、$\gamma-\delta$ 变化关系。对于所研究的页岩样品，各向异性因子 ε 与 δ 之间亦具有一定的线性关系，样品数据较多地分布 $\varepsilon=\delta$ 的附近及下部，表明地震波在龙马溪组页岩中传播时具有相对较弱的非椭圆波前面特征。具有 VTI 特征的页岩样品，其不同弹性参数之间也具有较为明显的统计关系。

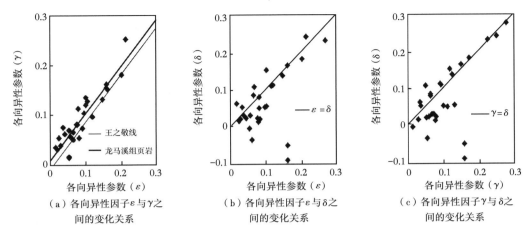

（a）各向异性因子ε与γ之
间的变化关系

（b）各向异性因子ε与δ之
间的变化关系

（c）各向异性因子γ与δ之
间的变化关系

图4-14　龙马溪组页岩样品各向异性因子之间各变化关系

而实际测井及地震勘探中由于仪器方向性的限制较难完整得到页岩的五个独立刚度系数，如偶极声波测井中计算各向异性参数、VSP中通过测量刚度系数C_{11}求取C_{66}，不同刚度系数间的统计关系则可为上述转化提供依据。

图4-15 给出龙马溪组页岩样品在30MPa弹性参数之间的变化关系。弹性参数C_{11}与

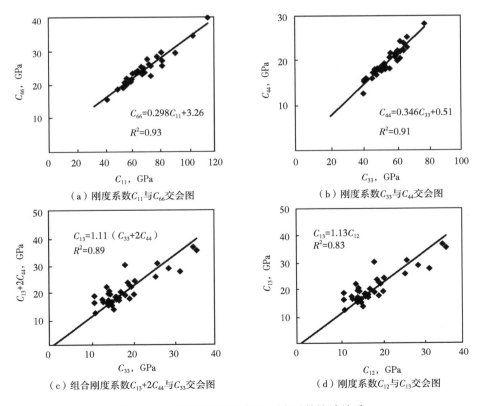

（a）刚度系数C_{11}与C_{66}交会图

（b）刚度系数C_{33}与C_{44}交会图

（c）组合刚度系数$C_{13}+2C_{44}$与C_{33}交会图

（d）刚度系数C_{12}与C_{13}交会图

图4-15　龙马溪组页岩样品刚度系数统计关系

C_{66} 具有最高的相关性，相关系数可达到 0.93 [图 4-15（a）]；弹性参数 C_{33} 与 C_{44} 也具有较好的相关性，其相关系数可达 0.91 [图 4-15（b）]。实际上，对所研究的龙马溪组页岩样品五个独立弹性参数之间均具有明显的相关性，但相关性要弱于 C_{11} 与 C_{66} 以及 C_{33} 与 C_{44} 之间的相关性。Schoenberg 等针对页岩所具有的弹性性质提出了利用三个弹性参数（C_{33}，C_{44}，C_{66}）完整表示 VTI 介质五个独立弹性参数的方法，在该方法中 C_{13} 和 C_{12} 可用式（4-7）求取：

$$\begin{cases} C_{13} = \zeta\left(C_{33} + 2C_{44}\right) \\ C_{13} = \xi C_{12} \end{cases} \qquad (4\text{-}7)$$

式中 ζ、ξ——待定参数。

在各向异性参数 ε、δ 满足关系 $\varepsilon = \delta$ 时，待定参数 ζ、ξ 的值均为 1。图 4-15（c）与图 4-15（d）分别给出龙马溪组页岩样品 30MPa 时 C_{33} 与 $C_{13}+2C_{44}$ 及 C_{13} 与 C_{12} 的变化关系。可以看出，C_{33} 与 $C_{13}+2C_{44}$ 之间以及 C_{13} 与 C_{12} 之间均有较为明显的线性相关关系，相关系数分别达到 0.89 和 0.83，其最佳拟合关系依据公式则相当于 $\zeta = 1.11$ 及 $\xi = 1.13$。

4.1.2 样品地震岩石物理性质与沉积特征关系

通过对页岩样品地震岩石物理特征的分析可以看出，龙马溪组页岩上、下两段在物性及地震弹性性质上（TOC 含量、孔隙度、速度、各向异性）存在明显差异，而上、下两段地层在埋藏深度、主要组成矿物种类及含量上并不存在明显差异。因此，物性及弹性特征的差异并不能简单归结于埋深（压力）与矿物组分的影响。

龙马溪组上段页岩为浅水陆棚相环境，其样品典型的 SEM（扫描电镜）-CL（阴极发光）如图 4-16 所示。可以看出，样品中部分石英在 CL（阴极发光）图像中表现为发亮光的特征 [图 4-16（b）]，单色阴极发光光谱具有两个峰值 [图 4-16（c）]，其主峰对应波长范围为 680~720nm，次峰对应波长范围为 430~470nm，具有明显陆源石英特征。该部分陆源石英通过河流、冰川或者风搬运到盆地中。研究区陆源石英呈次圆状—次菱角状，直径 10μm 以上。龙马溪组下段页岩为深水陆棚相环境，其样品典型的 SEM（扫描电镜）-CL（阴极发光）如图 4-17 所示。可以看出，样品中的石英在阴极发光图像中主要表现为不发光—弱发光特征，单色阴极发光光谱为钟形 [图 4-17（b）]，具有两个峰值 [图 4-17（c）]，其主峰对应波长范围为 580~620nm，次峰对应波长范围为 390~430nm，具有明显生物成因

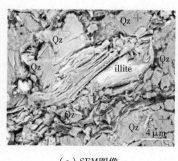

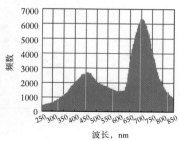

| （a）SEM图像 | （b）CL图像 | （c）阴极发光光谱图像 |

图 4-16　龙马溪组页岩上段样品陆源石英典型特征

石英特征。低温自生石英氧空位晶体内部缺陷及由于电子辐射导致非胶结的氧空洞中心衰减使其阴极光光谱在波长 620~650nm 出现峰值。在波长 390~430nm 处出现次峰可能是由于蛋白石-A 与蛋白石-CT 阴极发光属性在成岩转化过程在石英中的残余。

（a）SEM图像　　　　　　（b）CL图像　　　　　　（c）阴极发光光谱图像

图 4-17　龙马溪组页岩下段样品陆源石英典型特征

在龙马溪组页岩上段岩石样品中除了陆源石英颗粒外，还有大量嵌入黏土基质中的微米级石英颗粒，呈短链状、小晶簇状聚集或以板片状小晶片状形式存在，与周围黏土颗粒共同构成黏土—石英颗粒集合体［图 4-18（a）］。该类石英的阴极发光光谱具有典型的钟形特征，单一峰值对应范围为 590~620nm［图 4-18（b）］，亦具有自生石英特征。主要为蒙脱石在一定的温度和压力作用下向伊利石转化过程中形成，起到主要胶结作用。在对应的 X 射线矿物组分图中［图 4-18（c）］，可见明显的黏土矿物定向，黏土矿物作为岩石的支撑颗粒，石英等刚性矿物"漂浮"于黏土基质中。在龙马溪组页岩下段岩石样品中除粒径较大的生物成因石英颗粒外，亦存在大量的石英隐晶、微晶及微晶聚集体［图 4-19（a）］，该类石英亦起到胶结物的作用。该类石英阴极发光光谱为钟形［图 4-19（b）］，但具有两个峰值，其主峰对应波长范围为 580~620nm，次峰对应波长范围为 390~430nm，具有明显生物成因石英特征。而对于该类页岩样品从 SEM 及 X 射线矿物组图中均看不出明显的黏土颗粒定向特征［图 4-19（c）］。

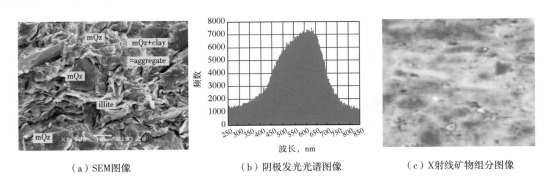

（a）SEM图像　　　　（b）阴极发光光谱图像　　　　（c）X射线矿物组分图像

图 4-18　龙马溪组页岩上段样品组成矿物典型特征

从以上的分析可以看出龙马溪组上段页岩为浅海陆棚环境，与之相对应组成矿物以陆相碎屑为主，颗粒集合体在沉积埋深的过程中逐渐混入由藻类（主要为蓝藻）及其他浮游生物分解所形成的有机质，由于蓝藻等藻类的有机质产率较低，同时前海的相对较弱的还原环境，有机质的生成并不高。在随后的机械压实过程中，黏土颗粒在上覆压力的作用下旋转、定向排列而形成岩石的受力骨架。在埋深达到一定的深度时（温度 600~800℃），出现最早的化学胶结作用，即蒙脱石向伊利石转化形成伊—蒙混层，并同时析出 SiO_2 作为胶结物连结不同的矿物颗粒，致使骨架弹性性质迅速增大从而"抵抗"机械压实作用的进步一步进行。可以判断，在整个沉积、成岩过程中黏土颗粒的定向是发生在化学胶结之前的。龙马溪组下段页岩为深海陆棚环境，强的还原环境及红藻、褐藻等生物的繁盛，造成生物分解过程不但形成大量的有机质同时使海水富硅，当硅质达到一定浓度时逐渐析出形成大量生物成因的石英颗粒，这时的石英颗粒同时作为胶结物使骨架刚性增加从而减弱了机械压实作用的影响。这种作用不但减弱了黏土颗粒的定向，还使得原生粒间孔隙得以保存，更有利于有机质的赋存。同样，当埋深达到一定深度时，蒙脱石向伊利石转化的化学胶结作用同样会发生，从而进一步使的岩石骨架刚性增加。应该看到，硅质生物溶解会造成海水过饱和，而高硅质饱和度会增加蒙脱石矿物的稳定性，从而不利于其向伊利石或混层矿物转化，因此生物成因的石英及其胶结作用应早于蒙脱石向伊利石转化所形成的石英及其胶结物。正是由于上述成岩作用的差异，龙马溪组页岩上段 TOC 含量较低、孔隙度较低、各向异性较强、速度比（泊松比）较大。而下段 TOC 含量较高、孔隙度较高、各向异性较弱、速度比（泊松比）较小（图 4-20）。

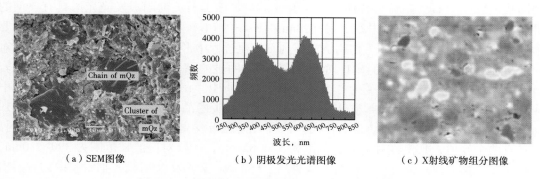

| （a）SEM图像 | （b）阴极发光光谱图像 | （c）X射线矿物组分图像 |

图 4-19　龙马溪组页岩下段样品组成矿物典型特征

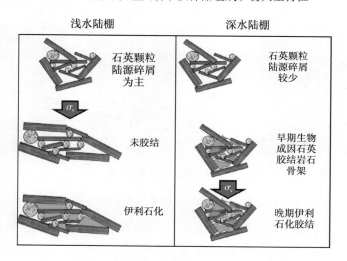

图 4-20　龙马溪组页岩成岩过程示意图

4.1.3 地震岩石物理模型

4.1.3.1 各向同性模型

基于龙马溪组页岩的岩性特征及微观结构特征，在保证理论模型物理机制和岩石结构相统一的基础上，综合利用自洽（SCA）模型、微分等效模量（DEM）模型和Backus平均模型建立龙马溪组页岩的地震岩石物理模型。在自洽（SCA）模型中多种组分是连续的，适合多种矿物共同作为岩石骨架的情况。微分等效模量（DEM）模型则仅使最先加入的矿物保持连续而成为基质，后加入的矿物则为孤立的夹杂体形式存在。由于龙马溪组页岩致密且孔隙度较低（＜5%），孔隙类型主要为纵横比相对较大（0.1~0.2）的球形或者近球形粒间孔和溶蚀孔，因此在建模过程中将模型孔隙考虑为纵横比为0.1的非连通孔隙。TOC主要位于原生粒间孔之中，在空间分布上呈现为随机团块状分布，因此TOC不作为岩体的骨架，也不为岩石的各向异性做贡献。基于TOC的这种特征，在建模过程中可将TOC作为岩石中的一种夹杂体充填到岩石孔隙中。岩石的矿物组分的变化会引起岩石骨架的不同，依据前文中的分析在黏土矿物含量大于30%时，黏土作为岩石基质，而其他矿物则夹杂于其中（图4-21），此时使用DEM模型更为合适。而黏土小于该含量时，石英与黏土共同作为岩石骨架，则使用SCA模型更为合适。基于上述特征，龙马溪组页岩的地震岩石物理建模流程如下（图4-22）：

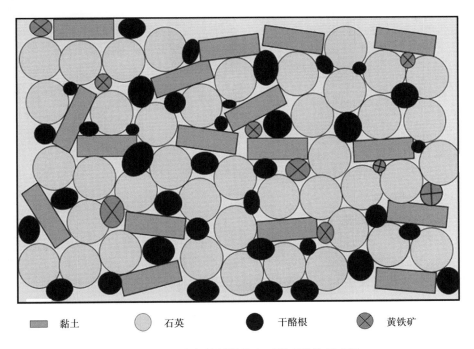

图 4-21　页岩气储层样品岩石微观结构示意图

（1）石英、方解石、白云石、黏土、干酪根作为岩石的组成矿物，当黏土含量小于30%时，将石英、黏土、方解石、白云石混合矿物作为岩石基质，并使用自洽模型（SCA）计算其等效模量；当黏土大于30%时，则以黏土为基质，而其他矿物利用微分等效介质理论以包含物的形式加入其中。

（2）利用微分等效介质理论（DEM）将随机分布的单一纵横比的硬币状孔隙继续加

入岩石基质中，利用微分等效介质理论（DEM）将非定向 *TOC* 以夹杂体的形式继续加入岩石中充填岩石孔隙。

（3）由于页岩的致密性及孔隙的非连通性，饱和流体具有高频非弛豫特征，因此仍然使用 DEM 模型加入流体。

计算结果表明，如果将 *TOC* 和黄铁矿按岩石骨架而非孔隙充填物的形式加入，那么当其含量为 2% 时，两者速度差异可分别达到 2% 和 3%，该差异随含量的增大而增大，即不考虑 *TOC* 和黄铁矿分布特征，会使模型出现计算误差。

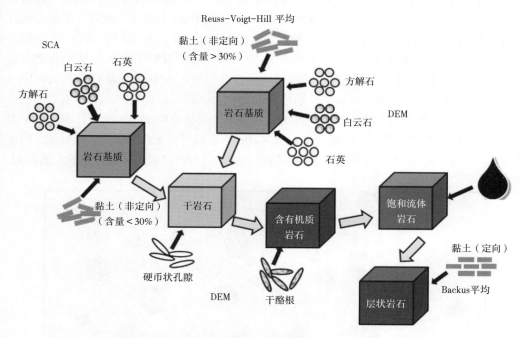

图 4-22　龙马溪组页岩气储层地震岩石物理建模流程图（据 Xu，2009 修改）

4.1.3.2　各向异性模型

（1）自洽（SCA）模型。

在 SCA 模型中，岩石的整体弹性性质是由岩石中每种矿物的弹性性质的综合等效性质决定的。在自洽过程中，岩石中的所有矿物成分均等而视之，并且考虑了各种矿物之间的相互作用关系。各向异性 SCA 模型的表达式为式（4-8）：

$$C^{\text{SCA}} = \sum_{n=1}^{N} v_n C^n \left[I + \widehat{G} \left(C^n - C^{\text{SCA}} \right) \right]^{-1} \left\{ \sum_{p=1}^{N} v_p \left[I + \widehat{G} \left(C^p - C^{\text{SCA}} \right) \right]^{-1} \right\}^{-1} \quad (4\text{-}8)$$

$$\widehat{G}_{\text{i}jkl} = \frac{1}{8\pi} \left(\overline{G}_{\text{ik}jl} + \overline{G}_{\text{jk}il} \right)$$

式中　C^{SCA}——岩石的等效弹性刚度；

　　　C^n，C^p——每种成分的刚度；

　　　I——单位张量；

　　　n——第 n 种成分；

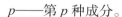

p——第 p 种成分。

张量 G 的表达式中包含了组成成分的纵横比。这个模型可以通过给定 C^{SCA} 的初值，然后迭代求解得到介质的等效刚度。SCA 模型在较高孔隙度情况下（40%~60%）能够保证组成岩石的矿物和孔隙流体是相互连通的，在较小孔隙度情况下则不能满足。

（2）微分等效介质模型（DEM）。

DEM 模型是通过往固体矿物相中逐渐加入包含物相来模拟双相混合物的，首先从组成矿物中的一种固体矿物相作为主相，然后将其他组成相以稀疏浓度的形式加入主相材料中，直到达到需要的各成分含量为止，但没有考虑包含物之间的相互作用。各向异性微分等效介质模型的表达式为式（4-9）：

$$\frac{\mathrm{d}}{\mathrm{d}V}\left(\bar{C}_{\mathrm{V}}\right)=\frac{1}{1-V}\left(C^{i}-\bar{C}_{\mathrm{V}}\right)\left[I+\widehat{G}\left(C^{n}-\bar{C}_{\mathrm{V}}\right)\right]^{-1} \qquad (4\text{-}9)$$

$$\widehat{G}_{ijkl}=\frac{1}{8\pi}\left(\bar{G}_{ikjl}+\bar{G}_{jkil}\right)$$

式中　$\bar{C}_{\mathrm{V}}$——要求的等效刚度张量；

　　　V——包含物含量；

　　　C^{i}——包含物的刚度张量；

　　　I——单位张量；

　　　C^{n}——包含物的刚度张量。

公式中的 G 的表达式同自洽一致，这个模型可通过迭代的方式求解出介质的等效刚度。DEM 模型并不是对称地对待各组成成分，被当成主相的材料可以有不同的选择，一般来说，选用不同材料作为主相会得到不同的等效属性。对于多种包含物形状和成分，其最终的等效刚度不仅依赖于最终的各成分体积含量，还依赖于包含物加入的次序。在 DEM 实现过程中，组成岩石的各成分是相互联通的。

（3）各向异性自洽（SCA）模型。

该模型一般在较高孔隙度下（40%~60%）可以保证组成岩石各成分之间是相互连通的，在较小孔隙度下不能保证。相比于 SCA 模型，DEM 模型能够弥补自洽在低孔隙度下的缺陷。因此，在分析页岩的等效弹性性质时，可以将这两种各向异性模型（DEM 和 SCA）相结合，首先使用 SCA 模型得到以黏土和 50% 干燥孔隙岩石的等效刚度，然后根据实际岩石的孔隙度，利用 DEM 模型继续向其中加入包含物，得到真实孔隙度情况下岩石的等效刚度或者是顺度。在 DEM 过程中，当实际孔隙度大于 50% 时，加入的是孔隙。当实际孔隙度小于 50% 时，则加入的是石英或者是其他的矿物成分。通过这个过程得到真实孔隙度下岩石的等效刚度或者顺度，进而得到岩石的速度等参数。图 4-23 给出利用上述模型计算的弹性刚度系数，从计算结果看能较好地拟合实验结果。图 4-24 中给出了弹性刚度系数随干酪根含量的变化规律。

根据页岩样品各向异性的实验结果（图 4-12），页岩样品表现出明显的速度各向异性特征，而各向异性的程度不但受到黏土含量多少的影响，还受到成岩作用方式的影响。表现为在相同黏土含量情况下，龙马溪页组岩下段深水陆棚相岩石样品具有较小的速度各向异性，而上段浅水陆棚相样品则具有较大的速度各向异性。相同黏土含量下岩石各向异性的差异可理解为黏土定向分布特征的差异，即各向异性强的样品其黏土定向更明

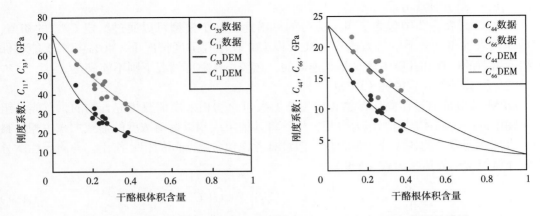

图 4-23　利用各向异性 DEM 模型来拟合 Vernic 和 Liu（1997）的测量结果

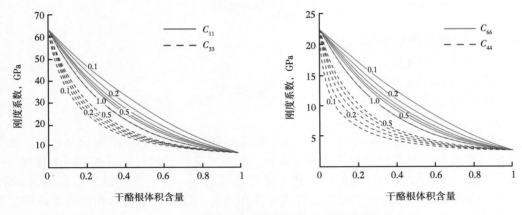

图 4-24　页岩储层弹性刚度系数随干酪根变化规律

显，而各向异性弱的样品黏土定向性也越弱。这样针对页岩的地震岩石物理模型首先需要确定黏土颗粒的分布特征。在考虑黏土颗粒分布特征的条件下，同时假设任何定向条件情况下岩石介质弹性性质具有 TI 介质特征，岩石介质的等效刚度系数可表示为式（4-10）：

$$\begin{cases} C_{11} = \lambda + 2\mu + \dfrac{4\sqrt{2}}{105}\pi^2 \left[2\sqrt{5}a_3 W_{200} + 3a_1 W_{400} \right] \\[2mm] C_{33} = \lambda + 2\mu - \dfrac{16\sqrt{2}}{105}\pi^2 \left[\sqrt{5}a_3 W_{200} - 2a_1 W_{400} \right] \\[2mm] C_{12} = \lambda - \dfrac{4\sqrt{2}}{315}\pi^2 \left[2\sqrt{5}\left(7a_2 - a_3 \right) W_{200} - 3a_1 W_{400} \right] \\[2mm] C_{13} = \lambda + \dfrac{4\sqrt{2}}{315}\pi^2 \left[\sqrt{5}\left(7a_2 - a_3 \right) W_{200} - 12a_1 W_{400} \right] \\[2mm] C_{44} = \mu - \dfrac{2\sqrt{2}}{315}\pi^2 \left[\sqrt{5}\left(7a_2 + 2a_3 \right) W_{200} + 24a_1 W_{400} \right] \\[2mm] C_{66} = \dfrac{\left(C_{11} - C_{12} \right)}{2} \end{cases} \tag{4-10}$$

式中 W_{200} 与 W_{400} 为表征黏土颗粒方位角分布的特征函数，a_1、a_2、a_3 为组合弹性参数，与黏土全定向时的刚度系数有如下关系，见式（4-11）：

$$\begin{cases} a_1 = C_{11}^a + C_{33}^a - 2C_{13}^a - 4C_{44}^a \\ a_2 = C_{11}^a \quad 3C_{33}^a + 2C_{13}^a - 2C_{44}^a \\ a_3 = 4C_{11}^a - 3C_{33}^a - C_{13}^a - 2C_{44}^a \end{cases} \tag{4-11}$$

组合弹性参数 λ、μ 与刚度系数的关系为式（4-12）：

$$\begin{cases} 15\lambda = C_{11}^a + C_{33}^a + 5C_{12}^a + 8C_{13}^a - 4C_{44}^a \\ 30\mu = 7C_{11}^a + 2C_{33}^a - 5C_{12}^a - 4C_{13}^a + 12C_{44}^a \end{cases} \tag{4-12}$$

图 4-25 给出 30MPa 有效压力下页岩样品垂直层理与平行层理方向上的纵、横波速度测量结果。按成岩环境及黏土含量将实验结果分成四个区域，每个区域内矿物组分、速度孔隙度变化具有相同的趋势且速度各向异性值差异不大，可认为黏土（孔隙）具有相同的分布特征，速度的变化主要受孔隙度及 TOC 含量的影响。区域 I（黑色虚线标出）为孔隙度小于 2% 的页岩样品；区域 II（蓝色虚线标出）为孔隙大于 2%，同时黏土含量大于 30%；区域 III（绿色虚线标出）为孔隙度大于 2%，同时黏土含量在 20%~30% 之间；区域 IV（红色虚线标出）为孔隙大于 2%，黏土含量小于 20%。

以区域 I 为例，介绍黏土分布曲线的求取过程。区域 I 内页岩由于受到钙质胶结物的影响，速度表现出较大的变化，因此按钙质含量将其分成两个亚类：I-1 为不含钙质胶结，主要矿物组分为石英 60%，黏土 40%；I-2 为含钙质 20% 胶结，其他主要矿物组分为石英 40%，黏土 40%。将 TOC 作为孔隙充填物，则零孔隙度骨架弹性刚度系数可利用 Backus 平均公式计算，代表黏土完全定向时的骨架弹性特征，再利用公式得到值。将 I-1 样品纵、横波速度—孔隙度关系外推至零孔隙度下，得到该部分样品对应孔隙度为零时的纵、横波速度值，并计算得到等效刚度系数 C_{11}、C_{33}、C_{13}、C_{44}、C_{66}。将等效刚度系数 C_{11}、C_{33}、C_{13}、C_{44}、C_{66}、a_1、a_2、a_3、λ、μ 值带入式（4-10）中可得到两个特征分布函数值 W_{200} 与 W_{400}，并对分布函数进行重构。最后将重构的分布函数带入各向异性 DEM 模型 [式（4-9）] 计算不同孔隙度下的纵、横波速度。

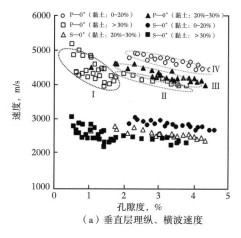
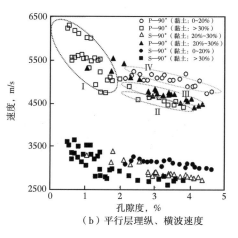

（a）垂直层理纵、横波速度 　　　　（b）平行层理纵、横波速度

图 4-25 页岩样品垂直与水平方向纵、横波速度随孔隙度变化

图 4-26 给出区域Ⅰ、Ⅱ中样品表征黏土分布的两个特征函数值 W_{200} 与 W_{400}，并重构得到黏土方位角分布概率密度图，方位角表示为针、片状黏土法向与 TI 介质对称轴的夹角。可以看出区域Ⅰ中的页岩样品其黏土法向与对称轴的夹角在 -30°~30° 的范围内，垂直对称轴（平行层理）方向黏土排列具有最大概率值，反应样品具有较好的定向性。Ⅱ中样品黏土法向与对称轴的夹角在 -40°~40° 的范围内，相对于区域Ⅰ样品更宽，同时平行层理分布的黏土概率也较小，反应样品的定向性减弱，具有部分页岩定向性的特征。图 4-27 给出考虑黏土排列特征的各向异性 DEM 模型计算结果，理论计算结果能够较好地反应不同样品速度随孔隙度的变化特征。图 4-28 给出区域Ⅲ、Ⅳ中样品黏土方位角分布概率密度图，Ⅲ、Ⅳ中样品黏土方位角相对于区域Ⅰ、Ⅱ中样品更宽，表明黏土定向性更弱。尤其是Ⅳ区中的样品各方位角近于等概率分布，表明样品中的黏土颗粒是近于随机分布的，样品也表现出最低的速度各向异性值。同样考虑黏土排列特征的各向异性 DEM 模型计算结果也能对区域Ⅲ、Ⅳ中样品给出较为准确的速度—孔隙度变化结果（图 4-29）。

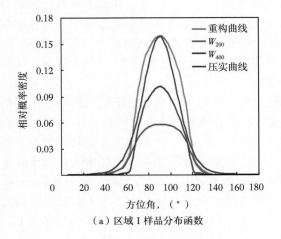
（a）区域Ⅰ样品分布函数

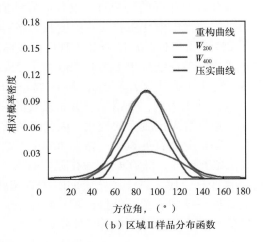
（b）区域Ⅱ样品分布函数

图 4-26　页岩样品黏土分布函数

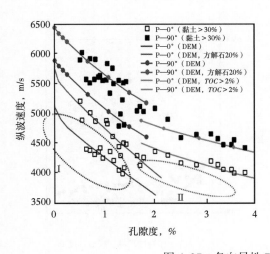

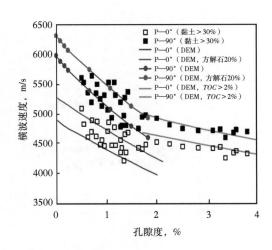

图 4-27　各向异性 DEM 模型拟合实验结果

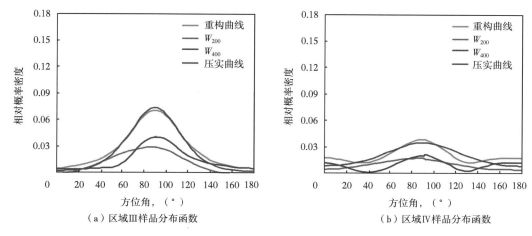

图 4-28 页岩样品黏土分布函数

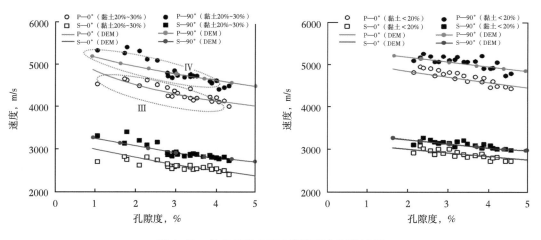

图 4-29 各向异性 DEM 模型拟合实验结果

4.2 井中地震岩石物理特征及正演

由于叠前数据量大、计算速度相对较慢，不可能对所有弹性参数都进行反演，因此需要在反演之前进行储层或气层地震岩石物理变化特征分析，结合实验测试结果优选对 TOC、脆性有效的敏感参数。下面以志留系龙马溪组页岩典型井为代表进行地震岩石物理分析。

4.2.1 储层地球物理响应特征

主要是利用三维叠前地震资料开展志留系龙马溪组页岩叠前储层特征预测。利用已有钻井的测井、岩心实验、钻井资料，对龙马溪组页岩有效储层测井曲线进行统计分析，寻找能够准确表征储层 "甜点" 的岩石物理特征，用有效的地球物理技术预测储层参数。

（1）采用斯坦福大学根据岩石物理原理和有效介质模型，在大量实验研究基础上获得的不同岩性的岩石物理分析模型—Raymer Model，该模型适用于固结良好、深度大于3000m 的中、低孔地层，见式（4-13）。

$$v = (1-\Phi)^2 v_0 + \Phi v_{f1}, \Phi < 37\% \qquad (4-13)$$

其中，v、v_{f1} 和 v_0 分别是岩石、孔隙流体和矿物的速度。采用逐点检验与校正方法，对密度曲线 ρ_b 进行井眼校正。密度校正方法见式（4-14），设正常井径条件下，解释井段的地层密度的下限值为 ρ_{min}：

$$\rho_{min} = V_{sh} \cdot \rho_{sh} + (1-V_{sh})\rho_p \qquad (4-14)$$

式中　ρ_{sh}——解释井段的泥岩密度；

　　　V_{sh}——当前采样点处地层的泥质含量，它可由自然伽马测井曲线等计算；

　　　ρ_p——解释井段中孔隙度最大的纯地层密度值。

当 $\rho_b < \rho_{min}$ 时，则认为由于井径扩大或井眼不规则，致使所测的 $\rho_b < \rho_{min}$，此时，令 $\rho_b = \rho_{min}$，作为该采样点处地层密度的近似值。反之，若 $\rho_b \geqslant \rho_{min}$，则不变。声波测井曲线的校正方法如下，设正常井眼条件下解释井段的地层声波时差的上限值为 Δt_{max}，则有式（4-15）：

$$\Delta t_{max} = V_{sh} \cdot \Delta t_{sh} + (1-V_{sh}) \cdot \Delta t_p \qquad (4-15)$$

式中　Δt_{sh}——解释井段的泥质声波时差值；

　　　Δt_p——解释井段中孔隙度最大的纯地层声波时差值；

　　　V_{sh}——当前采样点处地层的泥质含量，它可由自然伽马测井曲线等计算。

当 $\Delta t > \Delta t_{max}$ 时，则认为由于井眼扩径影响，使所测 Δt 比 Δt_{max} 还大，此时令 $\Delta t = \Delta t_{max}$，作为该点处的近似声波时差值；当 $\Delta t \leqslant \Delta t_{max}$，则不做校正，仍采用原 Δt 值。图 4-30 为 Zhao104 井密度校正结果，从图中可以看出受井眼环境影响部分测井密度值偏小，通过上述方法将密度结果校正为正常值范围。

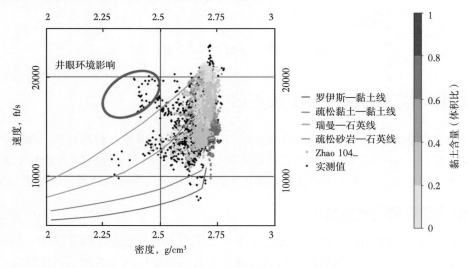

图 4-30　Zhao104 井校正结果 ●

───────────

● 为照顾科研工作使用习惯，本书部分地方使用了非法定计量单位，请读者注意。

图 4-31 为 Zhao104 井测井解释图。下志留统龙马溪组—上奥陶统五峰组厚度 209~294m，龙马溪组主要岩性为一套黑色笔石页岩，上部为泥灰岩及粉砂质灰岩，下部常含较多黄铁矿结核，岩性在探区内变化甚小，仅在上部的泥灰岩或粉砂质灰岩变化较大。五峰组主要岩性为黑色笔石页岩。根据邻区落木柔地层剖面资料和镇舟南的 YQ1 井数据分析，龙马溪组有机碳含量 0.4%~2.34%（下部大于 0.96%），R_o 一般为 2% 左右，孔隙度 1.56%~2.27%。五峰组有机碳含量 2.34%，R_o 一般在 2%。该井段整体自然伽马数值升高，自然伽马数值在 155API 左右，反映地层有机质含量可能增加，但从无铀伽马上看，无铀伽马数值也很高，在 135API 左右，且整体形态与自然伽马值一致，从侧面反映地层泥质含量加重，自然伽马值的增大主要不是由于有机质含量增加引起的。该井段受岩性影响，岩性密度、声波时差在局部有所变化，但整体比较稳定，电阻率数值在 22Ω·m 左右，岩性密度数值都在 2.6g/cm³ 以上，声波时差数值在 240μs/m 左右。龙马溪组底部自然伽马值最高达到 420API，反映储层有机质干酪根含量较高，岩性密度对应伽马值高的地方物性最好，其数值为 2.46g/cm³ 左右，声波时差也升高，数值为 259μs/m。

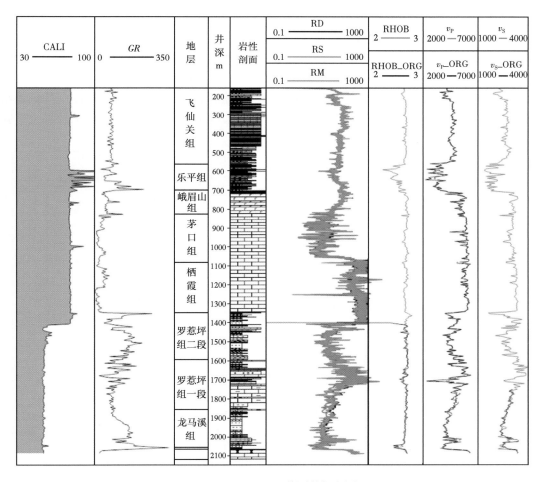

图 4-31　Zhao104 井测井解释图

（2）地壳中化学元素的丰度与矿物的形成及其化学成分有着密切的关系，通过确定元素含量和矿物含量之间的转换关系，可以把元素含量转换成矿物含量。根据不同的岩性选择，建立从元素含量向矿物含量转换的模型，通过相应的转换关系，借助最小二乘方法和广义逆矩阵求解线性方程组的方法，结合地层元素测井得到的元素含量，从而计算出地层中的矿物含量。

通过岩心的中子活化分析和 X 射线衍射分析后，确定元素含量与矿物含量之间的定量关系，通过多元回归分析元素含量与矿物含量之间的相关关系，可用矩阵的形式表示为式（4-16）：

$$[E] = [C][M] \tag{4-16}$$

式中　$[E]$——元素质量的矩阵；

$[M]$——矿物质量分数（%）构成的矩阵；

$[C]$——转化系数矩阵，C_{ij} 表示第 j 种矿物中第 i 种元素的含量。

通过求逆矩阵，可以得到用元素百分含量表示的矿物质量分数，即有式（4-17）：

$$[M] = [C]^{-1}[E] \tag{4-17}$$

这里，黏土含量是通过 KTH（去铀自然伽马测井）测井值及补偿中子、补偿密度测井结果计算得到的。利用补偿中子、补偿密度、中子测井及声波测井与钙质含量、石英、黄铁矿、TOC 的统计关系模型获得不同矿物含量的值。图 4-32 中蓝色线为反演得到的矿物含量，红色点为岩心 X 射线矿物组分，岩心测量结果与反演结果具有较好的一致性。其矿物组成纵向变化大，自下而上总体表现为碳酸盐由高→低→高、硅质由低→高→低及黏土矿物

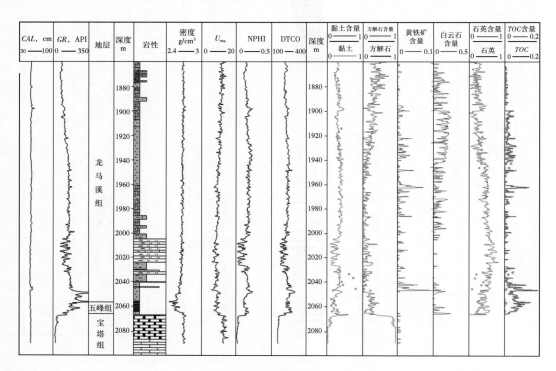

图 4-32　Zhao104 井矿物组分反演结果

由低→高的变化趋势。岩性和矿物组成变化特征显示，龙马溪组页岩储层纵向上非均质性较强。岩相上主要为含黏土硅质页岩相、含黏土/硅混合质页岩相和含硅黏土质页岩相。

（3）依据上文给出的页岩地震岩石物理模型，可分析龙马溪组页岩储层矿物含量变化对地震弹性性质的影响。图 4-33 中给出 TOC 含量变化对地震弹性性质的影响。可以看出，随着 TOC 含量的增加（按 3%、6%、9% 增大），岩石密度逐渐减小，纵、横波速度、纵波阻抗及泊松比均降低。其主要原因为，TOC 作为孔隙充填物，其含量增大则表明岩石孔隙度增大，而孔隙度增大会使岩石的速度及阻抗减小。孔隙度增大使纵波速度变小的趋势更为明显，造成速度比（泊松比）的减小。从扰动分析可以看出，随着 TOC 含量的增大，储层岩石的阻抗及泊松比均降低，即高 TOC 的优质储层应该表现为相对低阻抗、低泊松比的特征，同样低泊松比也意味着相对较低的 $Lamd \cdot R_{ho}$ 值。

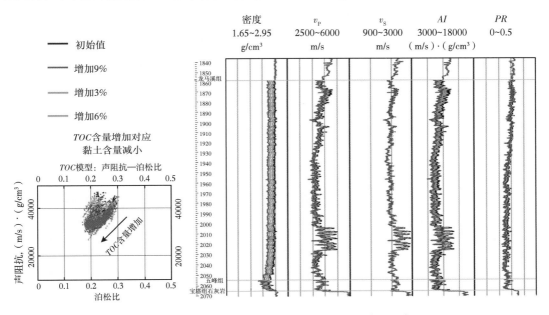

图 4-33　TOC 含量变化对储层地震弹性性质的影响

图 4-34 中给出石英含量变化对储层岩石地震弹性性质的影响。随着石英含量的增加（按 -5%、5%、10% 变化），岩石密度逐渐增大，纵、横波速度、纵波阻抗增大，而泊松比均降低。其主要原因为，石英相对于黏土矿物具有较大的速度值及较小泊松比。

对 Zhao104 井的测井数据进行标准化处理，获得矿物组成、基本岩石力学参数。志留系龙马溪组—五峰组地层连续出现，龙马溪组顶、底深度分别为 1859m 与 2055m，层厚194m，五峰组顶、底深度分别为 2055m 和 2066m，层厚 11m。高 TOC 含量的储层段（图4-35 中的 A 段）主要集中在五峰组和龙马溪组底部，亦呈连续分布，总厚度约 30m。该段 TOC 含量在 2% 左右，石英含量相对较高，在 30%～55%；储层段钙质含量五峰组较高，在 40% 左右，龙马溪组钙质含量较低，小于 10%；储层段黏土含量较低，其中五峰组低于10%，而龙马溪组低于 20%。储层段之上主要为一层相对富石英的泥、页岩（图 4-35 中的B 段），该段石英含量在 50%～80%。该段黏土含量在下部较低，约为 25% 左右，上部较高，可达到 30%～40%，总体钙质含量均较低。B 段之上主要为一套富黏土泥、页岩（图 4-35 中的 C 段），黏土含量在 35% 以上，石英含量小于 30%，同时富含碳酸钙及白云石。

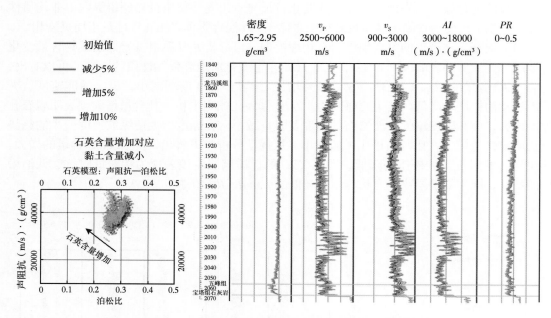

图 4-34　石英含量变化对储层岩石地震弹性性质影响

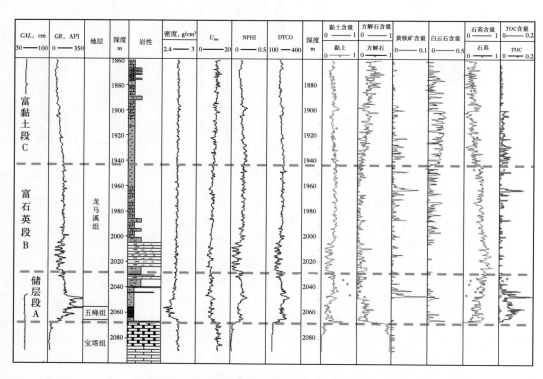

图 4-35　页岩气井 Zhao104 井的测井数据

　　图 4-36 给出三层的密度—速度关系交汇图。三层在速度上有较大的重叠，而在密度上具有明显的分区性，高 *TOC* 含量的页岩具有明显较小的密度，其原因是高 *TOC* 页岩具

有较高的孔隙度，同时 TOC 本身的密度也较小。而速度具有重叠则是孔隙纵横比与岩石结构的共同作用。在不同层段，速度—密度略呈正相关关系。依据岩石物理分析可知，纵横波速度比（泊松比）与 TOC 含量具有明显的负相关关系，即速度比（泊松比）对 TOC 含量也具有较好的指示作用，因此在密度—速度比关系，高 TOC 含量的页岩段具有最大可区分性。

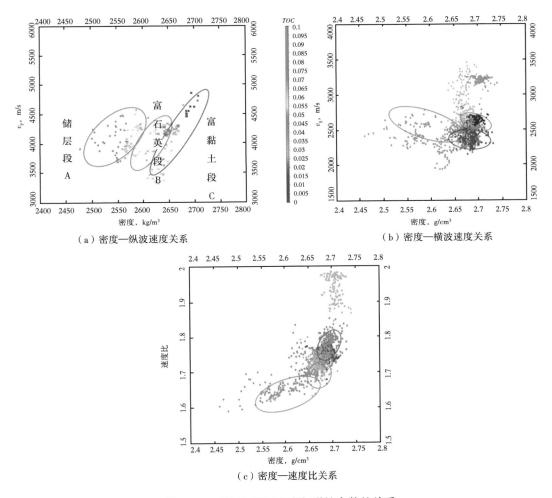

（a）密度—纵波速度关系　　（b）密度—横波速度关系

（c）密度—速度比关系

图 4-36　页岩气储层密度与弹性参数的关系

图 4-37 给出三层的泊松比—速度关系交汇图。同样表现出在速度上的重叠性，这种重叠是页岩矿物组分、TOC 含量、孔隙度、岩石结构的综合反应。而页岩的泊松比则对 TOC 含量有较好的指示作用，这是因为高 TOC 意味着较高的孔隙度及石英含量，以及以石英作为颗粒支撑的岩石骨架，这些原因都是使泊松比降低的因素。

图 4-38 给出三层的纵波—横波速度关系及纵波速度—TOC 关系交汇图。高 TOC 含量的有利储层表现为相对较低的纵波速度，相对于低 TOC 含量的页岩具有更高的横波速度。纵波速度与 TOC 之间不表现出明显的相关关系，孔隙度及孔隙形状、石英含量，TOC 含量及岩石结构共同影响纵波速度，而非 TOC 唯一因素。

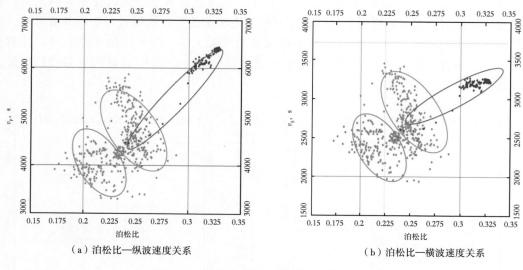

（a）泊松比—纵波速度关系　　　　　　　（b）泊松比—横波速度关系

图 4-37　页岩气储层泊松比与速度的关系

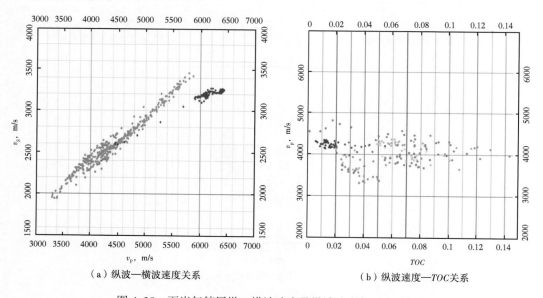

（a）纵波—横波速度关系　　　　　　　　（b）纵波速度—TOC关系

图 4-38　页岩气储层纵、横波速度及纵波速度与 *TOC* 关系

在给定的实验条件下基于弹性参数的脆性评价指标和基于矿物组分的脆性评价指标与基于应力—应变全曲线脆性指数具有较为明显的相关性，使用前两者来反映岩石的脆性具有合理性。在此基础上采用弹性模量与泊松比的组合与矿物组成特征两项指标综合计算脆性指数。因为页岩脆性的表现与所含矿物类型相关性非常明显，脆性矿物含量高的页岩其造缝能力和脆性更好，国内外学者对此已形成共识，并认为其重要性不可忽视。此外，矿物组成作为岩性识别标准，提高了计算结果的细分性和可靠性。实际计算过程中，采用静态弹性模量、动态泊松比和脆性矿物质量分数作为基础变量，针对不同地区特征参数归一化后，计算综合脆性指数。单井综合脆性参数的计算流程为：

————基于页岩气岩石物理模型，利用纵波测井结果、孔隙度测井结果对无横波资料测井进行横波估计。

————在横波估计的基础上，利用纵横波速度、密度测井结果计算动态弹性模量，包括杨氏模量、泊松比、$\lambda \cdot \rho$ 与 $\mu \cdot \rho$。

————基于井资料的矿物组分估算。

————基于实验的弹性模量动、静态转换关系，将测井动态弹性模量转换为静态弹性模量，由于泊松比动静态规律较差，则仍采用动态泊松比计算结果。

————脆性评价指标（基于弹性参数和基于矿物组分）及其他相关脆性评价指标。

在得到矿物组分、孔隙度等的基础上，再利用表征页岩地震弹性性质的岩石物理模型（DEM 模型）建立不同弹性属性的交汇图解释图版。可利用它对任意两个弹性属性的变化规律进行直观地分析，建立不同弹性属性的交汇图分析预测量板，达到对目的区测井数据进行定量分析的目的。图 4-39 为 I_p（纵波阻抗）与 v_p/v_s（纵、横波速度比）交汇图，数据点均由高庙 Zhao104 井中龙马溪组 A、B、C 段测井结果计算得到，图中的色标为所计算的脆性评价指标 B_1。图中可以看出，随黏土含量的增加页岩的脆性逐渐降低，纵波阻抗降低，速度比增大。随孔隙度的增大纵波阻抗及速度比均降低，脆性也逐渐降低。在交汇图中储层段（图中 A 段）具有低纵波阻抗和低速度比的特征。富石英段（图中 B 段）与富黏土段（图中 C 段）具有相同的纵波阻抗分布范围，并以高纵波阻抗与储层 A 段相区分，同时富黏土 C 段页岩的纵、横波速度比也明显大于富石英 B 段页岩的纵、横波速度比。而储层 A 段纵、横波速度比与 B 段也存在一定的重合区域。从所计算的脆性指数 B_1 看，富石英 B 段的脆性指数最大，富黏土 C 段的脆性指数次之，而储层 A 段的脆性最小。

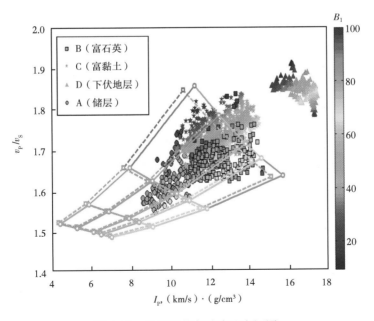

图 4-39　纵波阻抗与速度比交汇图

脆性指标 B_1 为杨氏模量与泊松比归一化的组合形式，脆性越高则意味着杨氏模量的值较大，同时泊松比（速度比）较低。B、C 两段由于孔隙度很小，对弹性模量及泊松比（速度比）的影响主要来自矿物组分。B 段由于石英含量最高，同时黏土与碳酸钙等高速度比矿物含量较少，造成岩石表现为高杨氏模量及相对较低的泊松比或速度比（见图 4-40），因此根据 B_1 该段页岩具有相对较好的脆性。

页岩 C 段虽然高杨氏模量的石英含量较少而低杨氏模量的黏土含量较高，但由于含有大量的高杨氏模量的碳酸钙，部分补偿了黏土含量增加对杨氏模量的降低作用，使得该段中的页岩也表现出较高的杨氏模量。由于富含大量的高速度比矿物，如黏土和碳酸钙，造成该段页岩表现出最高的泊松比或速度比（图 4-39、图 4-40），由于高杨氏模量与高泊松比的相互抵消作用，该段页岩具有一定的脆性。

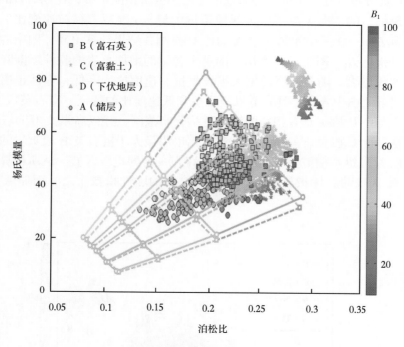

图 4-40　泊松比与杨氏模量交汇图

储层 A 段较为复杂，对弹性模量的影响除矿物组分外还有孔隙度的影响。孔隙能较为明显地降低杨氏模量及泊松比，尤其是当孔隙的纵横比较低时，这种减少作用更为明显。按岩石组分的变化又可以将 A 段按深度从上至下分成三个亚段。A-1 段从 2035~2040m，该段变现为高黏土含量，低石英含量、碳酸钙含量为特点，加上孔隙度对杨氏模量及泊松比的降低作用，该段弹性性质上表现低杨氏模量和相对较高的泊松比，因此按 B_1 所计算的脆性相对较低。A-2 段从 2040~2045m，该段表现为相对高石英含量（低于 B 层）和黄铁矿含量，相对较低的黏土含量（高于 B 层但低于 A-1 层），低碳酸钙含量。同时该段 TOC 含量最高，和有机质相关的孔隙也最发育，造成孔隙度对杨氏模量（纵波阻抗）及泊松比的降低作用最为明显，加之较少的高泊松比矿物（如黏土及碳酸钙），使得该段表现为低杨氏模量和低泊松比，按 B_1 所得到的脆性最低。A-3 段从 2045~2065m，表现为低黏土含量与低石英含量，高碳酸钙含量，高 *TOC* 含量与孔隙度。高钙质含量意味着较大的泊松比，但孔隙的存在降低了钙质的影响，使得该段储层表现为低杨氏模量和相对较高的泊松比（相对于 A-2 层），按 B_1 所得到的脆性较低。基于上述原因，A 层按 B_1 所计算的脆性指数总体较低（图 4-39），塑性较强不适宜整体压裂。若水平井打在高碳页岩层不利于压裂，最好能打在高碳页岩层上部的脆性程度较高的区域，有利于压裂，压穿脆性层释放页岩气。

4.2.2　储层特征正演

针对研究区内页岩储层特点，利用 Zhao104 井实际数据，通过叠后和叠前地震正演模拟研究将地质模型和地震有机地结合起来，开展工区页岩储层地震正演模拟研究，探索孔隙度、黏土含量变化引起地震响应的一般性规律，对于指导地震勘探实践具有重要意义。

地震正演的结果与子波形态有紧密的联系，改变子波的频率成分，将可能得到完全不同的地震记录。通常条件下，子波的频率越高，反射波垂向分辨率愈高。为了和实际的地震资料对比，文中模型正演所用的子波为从实际井旁地震道提取的统计子波，主频大约为 32 Hz 左右。地震波场模拟技术主要是通过模拟地震波在地下的传播过程，研究地震波传播特征与地下介质参数的关系，达到模拟记录与实际地震剖面的最佳逼近，使地质解释人员正确认识复杂条件下的地震波传播机理、规律及波场特征，进而达到验证解释方案的目的。

模型正演是地球物理的正问题，是通过实体或数值模型得到地震记录，在已知地下介质结构和相关参数的情况下，研究地震波的运动学和动力学特征，其应用贯穿于地震数据采集、处理和资料解释的各个环节。最早出现、也是最常用的正演技术就是利用声波测井资料制作人工合成地震记录。

地震勘探的目的是根据地面或井中各观测点所观测的地面地震记录来刻画地下介质结构模型，并描述其状态或岩性展布，所有这些工作都是建立在地震正演模型的基础上。因此地震数值模拟不仅可进行地震正演模拟研究，同时也是地震反演、尤其是地震偏移成像的基础。

概括起来，地震波场数值模拟主要有波动方程法和射线追踪法两大类。波动方程数值模拟实质上是求解地震波波动方程，因此其模拟的地震波场包含了地震波传播的所有信息，但计算效率低。射线追踪法属于几何地震学方法，由于它将地震波波动理论简化为射线理论，考虑的主要是地震波传播的运动学特征，因此计算效率很高，但缺少地震波的动力学信息。

波动方程数值解法建立在以弹性或黏弹性波动理论和牛顿力学为基础的双曲型偏微分方程（波动方程）的理论基础上。基于不同的地层假设有不同的波动方程表达形式，具体如声学介质中的声波波动方程、弹性介质中的弹性波动方程、黏弹性介质中的黏弹性波动方程、孔隙—弹性介质中的双相（或多相）介质弹性波动方程、各向异性介质中的各向异性弹性波动方程等。

到目前为止，基于波动方程的地震波数值模拟方法可以归纳为：以惠更斯原理为基础的波场叠加的积分方程法，以射线理论为基础的波动方程高频近似的射线追踪法，以及波动方程数值解法三大类。由于波动方程对复杂介质的广泛适应性和有效性，波动方程数值解法正成为现今勘探实践和数值模拟研究的主流向。

图 4-41 给出了基于 Zhao104 井解释成果的正演的道集剖面。

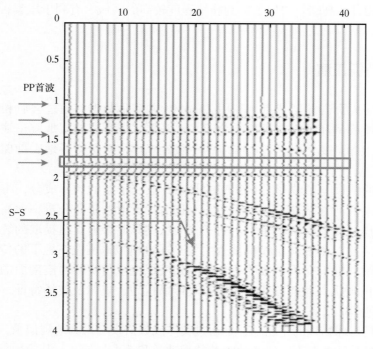

图 4-41 正演角道集剖面

图 4-42 给出黏土含量变化对储层 AVA 响应特征的影响。正演时最小偏移距：200m，道数：40 道，道间距：120m。震源为 25Hz 雷克子波。可以看出，储层表现出典型的四类 AVO 的特征，即 AVO 截距为负值，梯度为正值。储层在近道表现为亮点特征，而远道表现为暗点特征。随着黏土含量的增大，AVO 梯度逐渐变小，远道暗点特征减弱。

图 4-43 给出石英含量变化对储层 AVA 响应特征的影响。可以看出，储层表现出典型的四类 AVO 的特征，即 AVO 截距为负值，梯度为正值。储层在近道表现为亮点特征，而远道表现为暗点特征。随着石英含量的增大，AVO 梯度逐渐变大，远道暗点特征增强。

图 4-44 给出 TOC 含量变化对储层 AVA 响应特征的影响。可以看出，储层表现出典型的四类 AVO 的特征，即 AVO 截距为负值，梯度为正值。储层在近道表现为亮点特征，而远道表现为暗点特征。TOC 含量的变化对 AVO 特征的影响较弱。

图 4-45 给出根据模型正演结果得出的孔隙度及黏土含量变化对 AVO 属性的影响。可以看出，随着孔隙度的增大 AVO 截距（P）逐渐变小，而 AVO 梯度（G）逐渐变大，页岩从典型的三类 AVO（亮点型储层）逐渐变为四类 AVO 特征（暗点）。随着黏土含量的增加 AVO 梯度增大，而截距逐渐变小，页岩从典型的三类 AVO（亮点型储层）逐渐变为二类 AVO 特征。

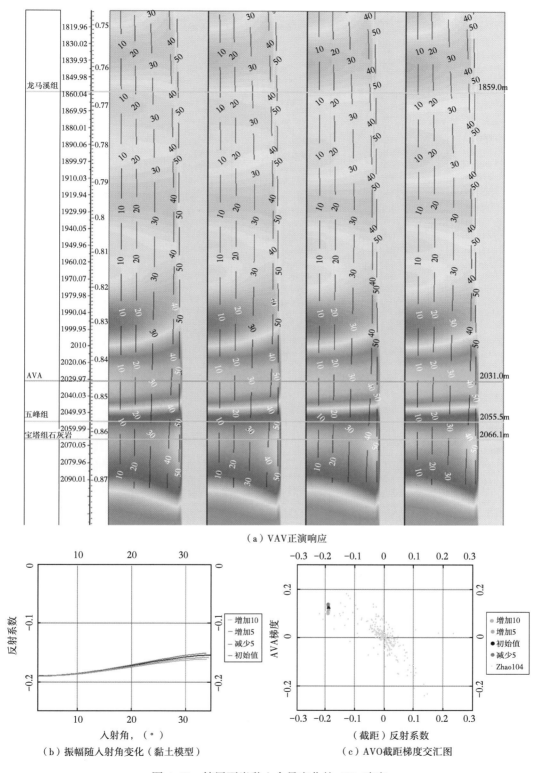

（a）VAV正演响应

（b）振幅随入射角变化（黏土模型）

（c）AVO截距梯度交汇图

图 4-42 储层页岩黏土含量变化的 AVA 响应

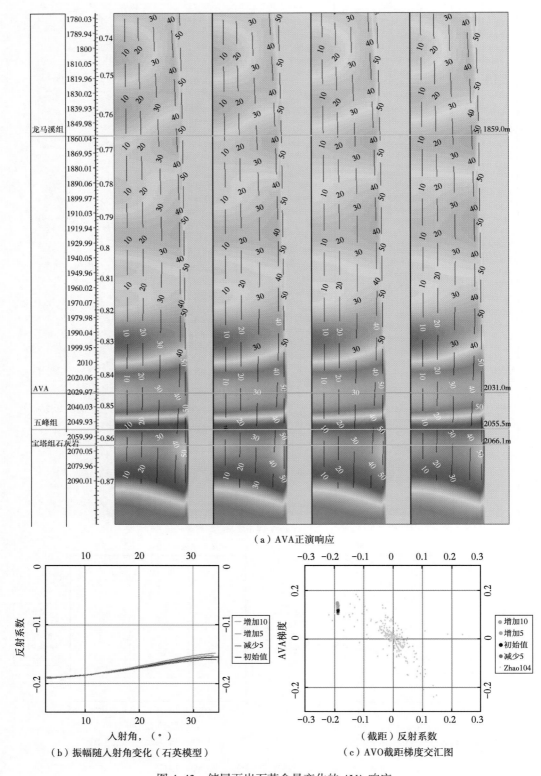

（a）AVA正演响应

（b）振幅随入射角变化（石英模型）

（c）AVO截距梯度交汇图

图 4-43　储层页岩石英含量变化的 AVA 响应

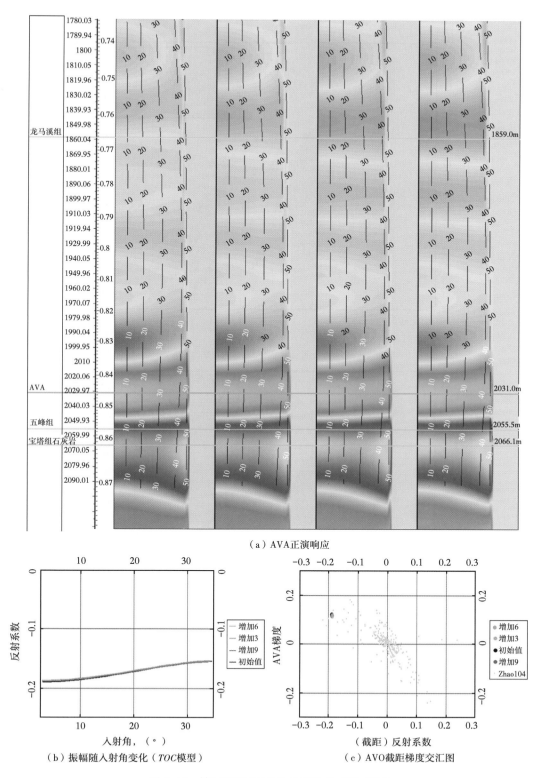

（a）AVA正演响应

（b）振幅随入射角变化（*TOC*模型）

（c）AVO截距梯度交汇图

图 4-44 储层页岩 *TOC* 含量变化的 AVA 响应

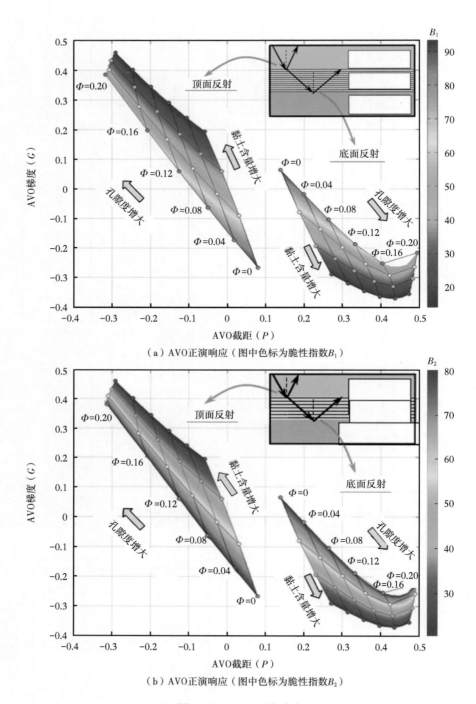

（a）AVO正演响应（图中色标为脆性指数B_1）

（b）AVO正演响应（图中色标为脆性指数B_2）

图4-45　AVO正演响应

图4-46给出基于井数据的井旁道正演结果。基于波动方程$+Q$值衰减+多次波压制的正演结果能够给出较为准确的正演结果（与实际地震道集对比）。即储层在含气后表现出一定的衰减特征。

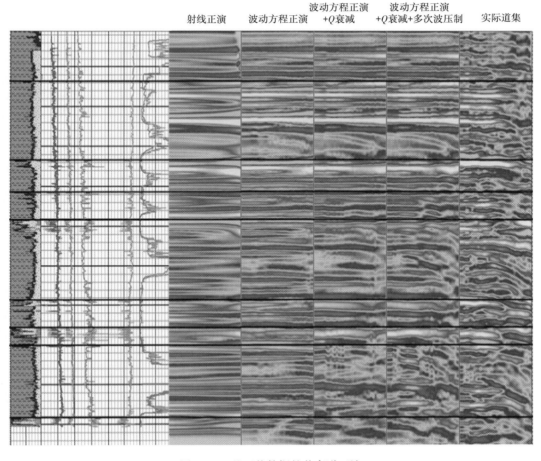

图 4-46　基于井数据的井旁道正演

4.3　页岩"甜点"区地震预测

　　由于地震资料野外采集是多炮多道的观测系统，每个 CDP 点或 CMP 点记录的不同道具有不同的炮检距，每道上的反射振幅随炮检距不同而变化。叠后反演基于常规处理的水平叠加数据，以自激自收为假设条件，即每个 CDP 或 CMP 道集经过动校正后，把不同炮检距的记录道动校正为零炮检距位置，之后进行水平叠加。这样，叠加剖面无法反应野外采集所记录的振幅随炮检距变化的特性，并损失了与炮检距关系密切的大量横波信息。其次是叠后波阻抗反演是不随入射角发生变化，仅与纵波速度、密度有关，而叠前反演的弹性阻抗与入射角密切相关并与纵波、横波速度、密度四项参数有关。由于同时利用了纵横波速度，其计算产生的弹性参数远较叠后反演丰富，可区别岩性与含油气性，为钻探提供更丰富、更准确的依据。叠前反演技术流程如图 4-47 所示。

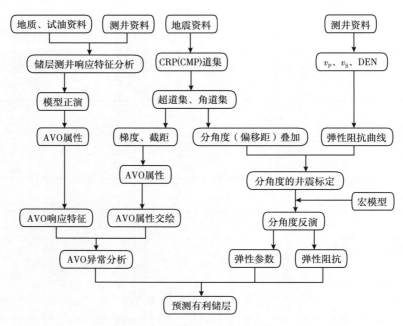

图 4-47　叠前反演技术流程

4.3.1　地震资料概况

工区位于四川省筠连县沐爱镇（图 4-48）。一次覆盖面积 257.4km²，满覆盖面积 102.6km²，总数据量近 100G。

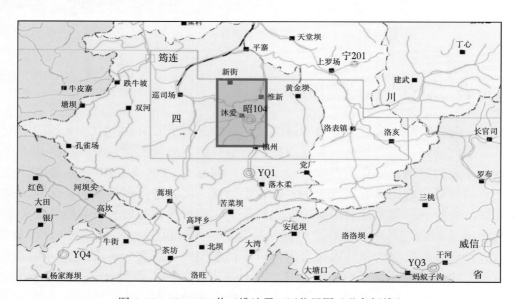

图 4-48　Zhao104 井三维地震工区位置图（蓝色框线）

观测系统参数如下：

（1）面元大小：25m（纵）×25m（横）。

（2）覆盖次数：8（纵）×8（横）次。

（3）道距：20m。

（4）接收线距：400m。

（5）炮线距：400m。

（6）最小非纵距：20m。

（7）最大炮检距：7600m。

（8）接收方式：对称中间放炮。

（9）记录长度：4s。

（10）采样间隔：1ms。

（11）高截：400Hz。

4.3.2 地震资料预处理

地震资料预处理的主要目的层为奥陶系、志留系的五峰组—龙马溪组页岩，目的是保证获得高信噪比的资料，对构造及储层的变化进行精细解释。重点是对五峰组—龙马溪组页岩段储层发育及空间展布情况、裂缝发育带三维空间分布进行预测，对 TOC、脆性识别进行探索性研究。为此，要求得到较好的五峰组—龙马溪组页岩各层地震反射资料，对叠前地震资料进行预处理，在保幅和保真的前提下，合理提高地震资料的分辨率。根据以上的分析，针对原始资料的特点、地质任务和资料处理要求，本着既要提高资料的信噪比和分辨率，又要满足叠前反演和储层"甜点"预测的需要，在处理过程中的各个模块及参数的选择、方法的应用均要以保幅处理为原则。主要的技术思路如下：

在资料高保真处理的前提下，重点做好面波、线性干扰、脉冲干扰的压制。根据噪声特点，采用叠前分时、分频保幅噪声压制技术、高精度 Tau-p 域线性干扰压制技术、自适应脉冲干扰压制技术等多域、多方法噪声压制技术，最大限度衰减噪声，保护有效信号，保持振幅的相对关系。

图 4-49（a）是工业干扰前单炮记录，利用共炮点 F-X 域内进行中值滤波去噪的方法压制工业干扰，图 4-49（b）为扰压后的单炮，干扰得到很好压制，但并没有损伤有效波。图 4-50（a）为未进行滤波前 CDP 道集，通过边缘保幅滤波将道集中高频随机噪声剔除，滤波后结果见 4-50（b）。

采用 Randon 变换消除线性噪声影响。图 4-51（a）为未进行滤波前叠加剖面，通过 Randon 变换消除线性噪声影响，滤波后结果见图 4-51（b）。变换后同相轴能量明显增强，连续性变好。

在去噪的基础上，通过剩余动校正方法将层位进一步拉平，动校正前叠加剖面见图 4-52（a），动校正后剖面见图 4-52（b）。剩余动校正对层位有明显的拉平作用。

图 4-53（a）为未经过滤波和剩余动校正后的叠加剖面，可以看出原始数据同相轴畸变严重，噪声干扰强烈。经过滤波和剩余动校正后的叠加剖面数据质量明显改善［图 4-53（b）］，达到预处理效果。图 4-54 为处理前后道集数据对比，可见相同特征。

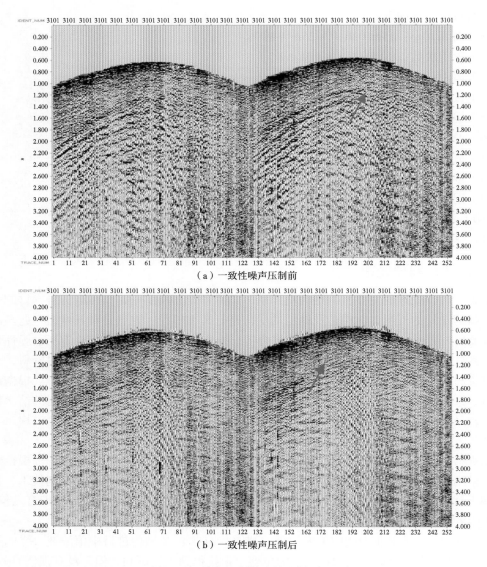

图 4-49　噪声压制前后单炮剖面对比

　　通过应用高精度静校正、保幅去噪、振幅恢复等一系列的保幅处理技术和质量监控手段，有效地提高了地震资料的品质，去除了与地质信息无关的振幅信息，保持了有效信号振幅的相对关系，为后续开展叠前 AVO 分析和储层研究奠定了良好的基础。通过叠前时间偏移，对构造成像来说都取得了较好的效果（图 4-55）。可以认为本次的目标处理达到了预期的目的，主要包括以下几个方面：

　　（1）处理过程中，振幅的相对关系保持较好，有效地揭示地震振幅中所携带的地质信息，保持了真实的 AVO 响应。

　　（2）反射波同相轴连续性好，资料信噪比高，地震频段有效拓宽，主频提高，能够满足地质任务的需要。

　　（3）目的层位的反射信息丰富，层位的波组特征比较清楚且特征明显。

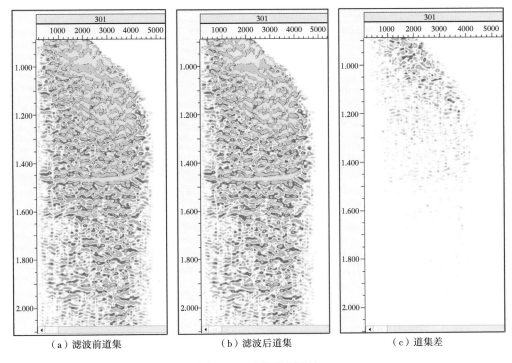

（a）滤波前道集 （b）滤波后道集 （c）道集差

图 4-50 边缘保幅滤波

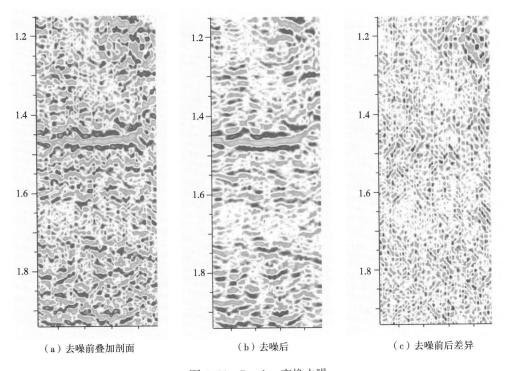

（a）去噪前叠加剖面 （b）去噪后 （c）去噪前后差异

图 4-51 Randon 变换去噪

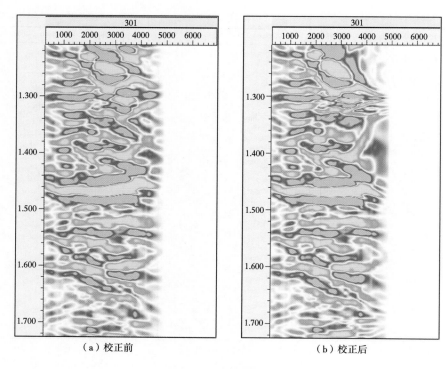

(a) 校正前　　　　　　　　　　　　　　　　(b) 校正后

图 4-52　剩余动校正

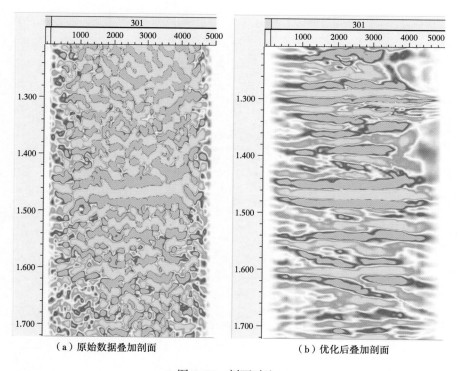

(a) 原始数据叠加剖面　　　　　　　　　　　　(b) 优化后叠加剖面

图 4-53　剖面对比

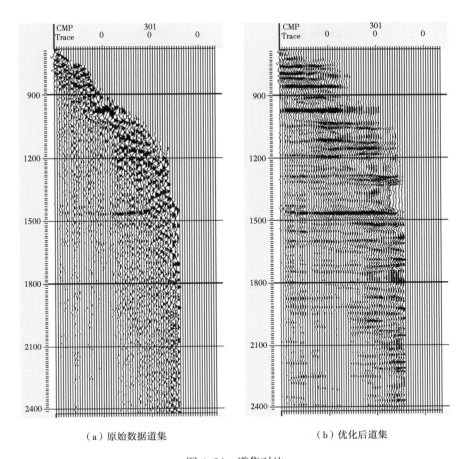

（a）原始数据道集　　　　　　　　　　（b）优化后道集

图 4-54　道集对比

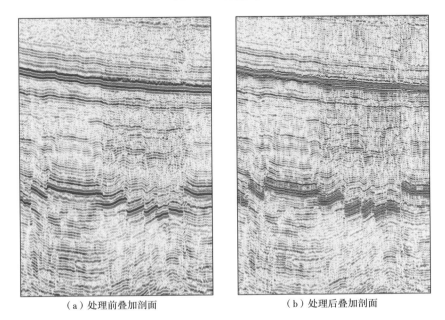

（a）处理前叠加剖面　　　　　　　　　（b）处理后叠加剖面

图 4-55　剖面对比

4.3.3 断层及大中尺度裂缝识别

研究地区主要以逆断层为主。断层和裂缝都是地下介质中非常好的气体流通通道，而且裂缝是页岩气储层天然气富集高产的关键。断层发育的地方经常伴随有丰富的裂缝，因此开展断层及大尺度裂缝识别具有重要意义。

4.3.3.1 基本原理

1. 曲率属性

曲线的曲率定义为：单位弧段上切线转过角度大小的极限（图 4-56）。据此，导出圆的曲率为式（4-18）：

$$K = \frac{\mathrm{d}\omega}{\mathrm{d}s} = \frac{1}{R} \tag{4-18}$$

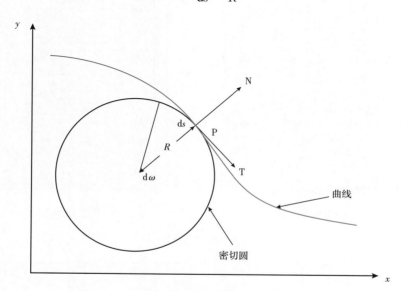

图 4-56　曲率的数学定义

应当注意，圆是一种特殊的封闭曲线，圆周上曲率处处相同，而且半径越小曲率越大。考虑曲率半径为无穷大的极限情况，圆周的局部可近似为一段直线，其曲率为零。对于任意的曲线，曲率还可以表示成导数的形式，见式（4-19）：

$$K = \frac{\mathrm{d}^2 y}{\mathrm{d}x^2} \left[1 + \left(\frac{\mathrm{d}y}{\mathrm{d}x} \right)^2 \right]^{-\frac{3}{2}} \tag{4-19}$$

在构造解释中，如果我们根据层位的解释线数据，计算其曲率，自然就可以定量地描述其构造特征，图 4-57 给出了背斜、单斜、向斜、平层和断层的曲率描述。其中，背斜的曲率为正，向斜的曲率为负，而且褶皱越厉害曲率绝对值越大；平层和单斜层的曲率为零；断层在平滑后可以近似地认为其曲率具有正到负或负到正的变化。显然，上述曲率对于单斜和水平地层的区分是无能为力的。对于平行断层、水平面上或沿层面上有方向变化的复杂构造，必须要借助二维曲面分析为基础的曲率属性。

将曲线的曲率推广到曲面的曲率，像切瓜那样，用刀切割瓜面，瓜皮上会留下一条曲线，任意切割会有多条曲线，对于曲面上某点而言，它可能有不同的曲率。现发现，最有用的曲率子集是那些正交于层面的平面所定义的曲率，称其为法曲率，用多种方法将其组合，可得到与层面有关的不同曲率属性。其中两对重要曲率为：极大曲率和极小曲率，倾向曲率和走向曲率，表 4-1 对衍生的主要曲率属性做了阐述。图 4-58 以最大和最小负曲率为例，展示了曲面的描述方法。

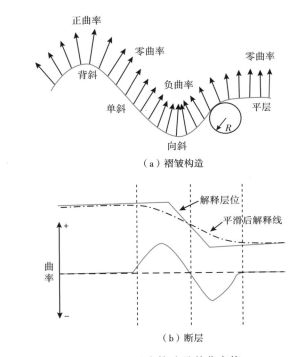

（a）褶皱构造

（b）断层

图 4-57　基本构造及其曲率值

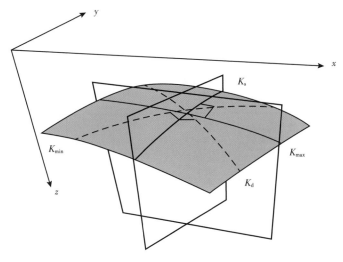

图 4-58　曲率的法曲率表示

表 4–1　曲面曲率的定义及物理含义

序号	属性名	数学含义	物理意义	备注
1	极大曲率	过层面上某一点的无穷多个正交曲率中存在一曲线，该曲线的曲率为极大，此曲率称为极大曲率	断层表现为正曲率值和负曲率值的邻接，曲率值确定了断层的错断方向，极大曲率的值是正曲率和负曲率的邻接时就表示在当前的地质结构中存在断层，曲率值为负，表示下降盘；曲率值为正，表示为上升盘	$K_{\max} = K_{\mathrm{m}} + \sqrt{K_{\mathrm{m}}^2 - K_{\mathrm{g}}}$
2	极小曲率	垂直于极大曲率曲线的曲率称为极小曲率。它与极大曲率称为主曲率，代表了法曲率的极值	当极小曲率非常小或为零时，该层面为一个可展层面；当极小曲率很大时，意味着层面发生了非等距畸变，即层面可能发生了错位和断裂，由此可以判定裂隙带	$K_{\min} = K_{\mathrm{m}} - \sqrt{K_{\mathrm{m}}^2 - K_{\mathrm{g}}}$
3	平均曲率	过层面上某一点的任意两个相互垂直的法曲率的平均值为一常量，称为平均曲率	该曲率受极大曲率控制，与极大曲率看上去相似。本身并不是特别有用，但与高斯曲率结合可判断曲面的特性	$K_{\mathrm{m}} = \dfrac{K_{\max} + K_{\min}}{2}$
4	高斯曲率	以高斯及其定理命名，也称为全曲率。该定理表明层面的等距弯曲不会改变高斯曲率	很多形态不能单独用高斯曲率加以区分，还需要平均曲率信息加以辅助	$K_{\mathrm{g}} = K_{\max} \cdot K_{\min}$
5	最大正曲率	法曲率中最大的正曲率称为最大正曲率	该曲率能放大层面中的断层信息和一些小的线性构造，有时也会放大由解释线间隔造成的解释脚印	
6	最小正曲率	法曲率中最小的正曲率称为最小正曲率	功能与最大正曲率类似，与最大正曲率结合，也可判断曲面的特性	
7	形态指数	把极小曲率和极大曲率结合起来可以得到形态指数	该曲率能对形态进行准确定量定义，可描述与尺度无关的层面局部形态。换句话说，碗状物就是碗状物，无论它是个小汤碗还是大的无线电望远镜	$S = \dfrac{2}{\pi} \cdot \tan^{-1}\left(\dfrac{K_{\max} + K_{\min}}{K_{\max} - K_{\min}} \right)$
8	倾向曲率	在最大倾角方向求取的曲率定义为倾向角曲率，是最大倾角方向上倾角变化率的量度	该曲率既包含了断层的大小信息，又包含了断层的方位信息。能强化河道砂体和岩屑流压实特征的描述	
9	走向曲率	在与倾角垂直的方向，即走向上求取的曲率叫走向曲率，该曲率有时也称为切面曲率	用于描述层面的切面形态，这一属性被广泛地用于地貌分析	
10	等值线曲率	有时称为平面曲率，能有效地描述与层面相关的各种等值线曲率	在背斜、向斜、山脊和山谷的褶隆区会出现特别大的值	
11	弯曲率	表示层面与形态无关的曲率大小	这种绝对意义下的曲率表示给出了层面内曲率总量的一般量度方法	$K_{\mathrm{n}} = \sqrt{\dfrac{K_{\max}^2 + K_{\min}^2}{2}}$

2. 复地震道相干属性

令实地震道 $s(t)$ 相应的复地震道为 $\tilde{s}(t)$ 为式（4-20）：

$$\tilde{s}(t) = s(t) + ih(t) = |\tilde{s}(t)|\,\mathrm{e}^{i\theta(t)} \tag{4-20}$$

其中 $h(t)$ 为 $s(t)$ 的希尔伯特变换，$\theta(t)$ 为地震信号的瞬时相位。令瞬时相位 $\theta(t)$ 对应的规范化复地震道 $z(t)$ 为式（4-21）：

$$Z(t) = \frac{\tilde{s}(t)}{|\tilde{s}(t)|} = \mathrm{e}^{i\theta(t)} = \cos\theta(t) + i\sin\theta(t) \tag{4-21}$$

为计算局部复值相关，设定一时间长度为 T 的滑动矩形时窗，则滑动时窗 T 内的平均瞬时相位 $\bar{\theta}$ 满足关系式（4-22）：

$$R\mathrm{e}^{i\bar{\theta}} = \langle\cos\theta\rangle_T + i\langle\sin\theta\rangle_T = \left\langle \mathrm{e}^{i\theta(t)} \right\rangle_T = \langle Z\rangle_T \tag{4-22}$$

符号 $\langle\cdot\rangle_T$ 表示时间长度为 T 的滑动矩形时窗内的数据求算术平均。模量 R 代表时窗内信号 Z 的强度，则该滑动时窗内数据的方差 σ^2 可定义为式（4-23）：

$$\begin{aligned}
\sigma^2 &= \left\langle \left(Z - \langle Z\rangle_T \right)\cdot\left(Z^* - \langle Z^*\rangle_T \right) \right\rangle_T \\
&= \langle ZZ^*\rangle_T - \langle Z\rangle_T\cdot\langle Z^*\rangle_T \\
&= 1 - R^2 \geqslant 0
\end{aligned} \tag{4-23}$$

由此，定义两复时间序列 $Z_k(t) = \mathrm{e}^{i\theta_k(t)}$ 和 $Z_j(t) = \mathrm{e}^{i\theta_j(t)}$ 之间在同一滑动时窗 T 内的零延迟复值相关系数 ρ 见式（4-24）：

$$\begin{aligned}
\rho = \rho\left(Z_k, Z_j \right) &= \frac{\left\langle \left(Z_k - \langle Z_k\rangle_T \right)\cdot\left(Z_j^* - \langle Z_j^*\rangle_T \right) \right\rangle_T}{\sigma_k\sigma_j} \\
&= \frac{\langle Z_k Z_j^*\rangle_T - R_k\cdot R_j\cdot\mathrm{e}^{i\left(\bar{\theta}_k - \bar{\theta}_j\right)}}{\sqrt{\left(1 - R_k^2\right)\left(1 - R_j^2\right)}} = |\rho|\,\mathrm{e}^{i\phi}
\end{aligned} \tag{4-24}$$

其中，复值相关系数 ρ 的模量作为相关系数 $|\rho|\leqslant 1$，且有式（4-25）：

$$\left\langle Z_k Z_j^* \right\rangle_T = \left\langle \cos\left(\theta_k - \theta_j\right) \right\rangle_T + i\left\langle \sin\left(\theta_k - \theta_j\right) \right\rangle_T \tag{4-25}$$

此外，$\phi\in\left(-\pi,\pi\right]$ 是第 k 道信号相对第 j 道信号在该滑动时窗内的（平均）相移量。实际中，为了更好地刻画小断距断层和低倾角地层的相移属性，保持地层倾斜程度（视倾角）同相移值一一对应关系，需要将 ϕ 变换到第一、四象限，即使得 ϕ 在角度域满足 $\phi < |90°|$，其变换公式为式（4-26）：

$$\phi = \arctan\left(\tan(\phi)\right)\times 180°/\pi \tag{4-26}$$

显然，当两信号完全不相关时，如随机噪声同确定性光滑信号，有相关系数 $|\rho|\to 0$，相对相移 ϕ 是一个未定数，不代表相邻两道之间的地层接触关系；反之，当两个形态相同的信号只存在时移，即瞬时相位只差一个常数 $\phi_\mathrm{d} = \theta_k - \theta_j$（代表平行倾斜地层），可以推导

$Z_k Z^*_j = \mathrm{e}^{i\phi_\mathrm{d}}$，$R_k = R_j$，$\overline{\theta}_k - \overline{\theta}_j = \phi_\mathrm{d}$，那么相关系数 $|\rho| \to 1$，相对相移为 $\phi \to \phi_\mathrm{d}$。此外，滑动时窗沿时间轴逐点移动，求取的相关系数和相移值置于滑动时窗的中心位置，形成类似于相干体的相关系数属性和与地层视倾角有关的相移属性，可对比进行地震资料解释，有利于提高解释的准确性和可信度。

受多道互相关和相干算法思想的启发，将局部复值相关推广到多道，即用相邻多道加权平均形成模型道代替原始道，然后利用相邻模型道求相关来代替前面直接利用原始道求复值相关。二维地震数据的多道局部复值相关计算过程如图 4-59 所示，其计算公式为式（4-27）：

$$\rho_i = \rho\left(\overline{Z}_{i^-}, \overline{Z}_{i^+}\right) = \rho\left(\sum_{j=i-p}^{i+p-} w_{i+p-j-} Z_j, \sum_{j=i-p+}^{i\ p} w_{i+p-j}\right), \quad i = p+1, \quad, M-p \quad (4\text{-}27)$$

其中，ρ_i 代表第 i 道位置对应的局部复值相关系数，M 为该二维数据地震道数；算子 $\rho(\cdot, \cdot)$ 为公式（4-24）代表的局部复值相关运算；$\overline{Z}_{i^-}$ 和 $\overline{Z}_{i^+}$ 分别代表第 i 道位置处两相邻模型道，见式（4-28）与式（4-29）：

$$\overline{Z}_{i^-} = \sum_{j=i-p}^{i+p-1} w_{i+p-j-1} Z_j, \quad \overline{Z}_{i^+} = \sum_{j=i-p+1}^{i+p} w_{i+p-j} Z_j \quad (4\text{-}28)$$

$$\sum_{j=i-p}^{i+p-1} w_{i+p-j-1} = \sum_{j=i-p+1}^{i+p} w_{i+p-j} = 1 \quad (4\text{-}29)$$

一般地，$0 < w_p, w_{p-1}, \cdots, w_0 < 1$。此外，通常 $p=1$ 或 2，$p=1$ 代表三相邻道局部复值相关，$p=2$ 代表五相邻道局部复值相关。

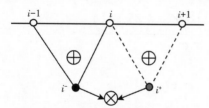 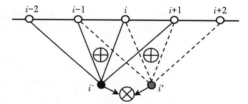

（a）二维数据的三道局部复值相关计算过程　　　（b）二维数据的五道局部复值相关计算过程

图 4-59　二维地震数据多道局部复值相关计算过程

注：⊕ 代表加权平均运算；⊗ 代表局部复值相关运算。

三维地震数据可以先分成主测线（Inline）和联络测线（Crossline）两个方向独立进行，然后按公式（4-27）分别求得沿主测线（Inline）方向的相关系数 $|\rho_x|$ 和相移 ϕ_x 及沿联络测线（Crossline）方向的相关系数 $|\rho_y|$ 和相移 ϕ_y，计算过程需要的道集的空间展布如图 4-60 所示，然后按式（4-30）联合两个方向的相关系数求取三维数据的几何平均相关系数 ρ_{xy}：

$$\rho_{xy} = \sqrt{|\rho_x| \cdot |\rho_y|} \quad (4\text{-}30)$$

由此，对于三维数据就生成了沿 Inline 和 Crossline 两个方向的两组属性及一个几何平均相关系数属性，通过对比这些属性，可以研究和分析地震边缘特征。

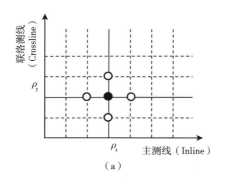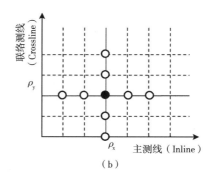

图 4-60　三维数据多道局部复值相关计算过程示意图

注:(a) 表示三维数据的三道复值相关计算过程,分别沿坐标轴纵向和横向按图 (a) 的方式进行局部复值
　　相关计算;(b) 表示三维数据的五道复值相关计算过程,分别沿坐标轴纵向和横向按图 (b) 的方式进
　　行局部复值相关计算。

3. 复值相干模量蚂蚁体技术

多道局部复值相关算法将传统复值相关算法推广到多道,即用相邻多道加权平均形成模型道代替原始道,然后再利用得到的相邻模型道求相关,替代以往直接利用原始道求复值相关。分析局部复值相关算法发现,应用相邻两道直接进行局部复值相关求取的相关系数属性存在边缘异常不突出及抗噪性较弱的问题,进行多道推广后,提高了利用相关系数属性检测地震信息边缘异常和抗噪的能力。本项目将该算法应用于三维地震数据,提取复值相干体。

蚂蚁追踪技术是在地震数据体中散播大量"电子蚂蚁",视三维地震数据体为多个不同的二维地震数据面,把二维地震数据面划分为不同的网格单元,作为蚂蚁的初始活动边界,在预设断裂条件下,按照特定的概率公式(断层、裂缝等不连续处概率大)确定蚂蚁追踪的起点。当"电子蚂蚁"发现满足预测条件的断裂痕迹时将追踪断裂痕迹并留下信息素,利用信息素吸引其他"蚂蚁"跟进,形成正反馈机制,直到完成该断裂的识别,而不满足条件的断裂痕迹将不会被追踪。蚂蚁在其活动范围内,完成一次搜索过程后,数据点的信息素按一定算法更新,最终完成对整个三维数据体的断裂追踪,形成蚂蚁数据体。利用蚂蚁追踪技术进行断裂系统的预测,将获得一个低噪声、具有清晰断裂痕迹的蚂蚁属性体。

4.3.3.2　应用分析

对目标层段(珍珠冲底、须四段底及须二中亚段底)提取了上述基本原理中介绍的最小曲率属性与复相干蚂蚁体,并用于解释该目标层段断裂带发育分布规律及裂缝发育的有利区域。

图 4-61 为龙马溪组底部属性图。根据最大曲率属性与最小曲率属性,主要预测图中刻画的三个椭圆区域,三个区域中可以看出其最大曲率属性值极大。图 4-61(c)为对相干体属性进行检测,在其对应的区域也显示图 4-61(a)中椭圆区域及其附近的不连续。图中椭圆区域大断裂带附近高度发育小断裂,这符合页岩裂缝发育的地质构造作用的规律。Zhao104 井被两条较明显的断裂夹在中间。

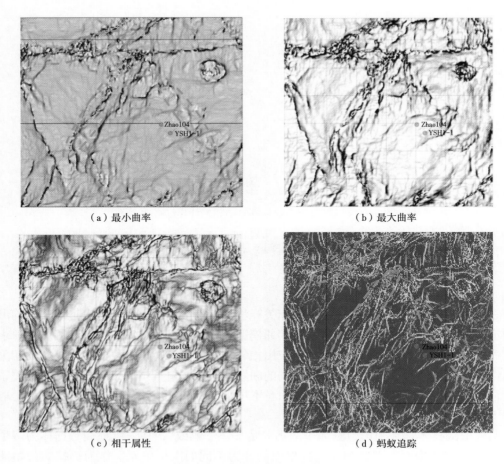

（a）最小曲率　　　　　　　　　　　　　　（b）最大曲率

（c）相干属性　　　　　　　　　　　　　　（d）蚂蚁追踪

图 4-61　龙马溪组底部属性图

4.3.4　纵波各向异性裂缝预测

裂缝预测的方法主要有：横波裂缝预测、多分量转换波裂缝预测、纵波各向异性裂缝预测、叠后地震属性分析、构造应力场裂缝预测等。但由于横波勘探和转换波勘探的成本比较高，采集起来也比较困难，所以纵波各向异性裂缝预测法是目前应用比较广泛、效果较好的一种裂缝预测法。

本小节主要阐述了纵波各向异性裂缝预测技术的基本原理，以及利用纵波各向异性裂缝预测技术识别目标层的裂缝发育程度。在利用叠前地震资料进行裂缝识别时，叠前数据的偏移距分布及提取各向异性强度时时窗的选取对裂缝预测结果的影响比较大。因此下文也探讨了偏移距的方位分布、时窗的大小的影响机制，得出了偏移距方位分布不均匀时应采取的相应策略及提取各向异性强度时时窗的选取策略。通过与成像测井的对比，进一步验证了该方法裂缝预测结果的可靠性。

4.3.4.1　基本原理

Rüger 基于弱各向异性的概念，并结合 Thomsen 的各向异性系数，得到各向异性介质中纵波反射系数随方位角和入射角变化的公式为式（4-31）：

$$R_{\mathrm{P}}^{\mathrm{HTI}}\left(\theta,\phi\right)=\frac{1}{2}\cdot\frac{\Delta Z}{\overline{Z}}+\frac{1}{2}\cdot\left\{\frac{\Delta\alpha}{\overline{\alpha}}-\left(\frac{2\overline{\beta}}{\overline{\alpha}}\right)^{2}\cdot\frac{\Delta G}{\overline{G}}+\left[\Delta\delta^{(\mathrm{v})}+2\left(\frac{2\overline{\beta}}{\overline{\alpha}}\right)^{2}\Delta\gamma\right]\cos^{2}\phi\right\}\sin^{2}i$$

$$+\frac{1}{2}\left[\frac{\Delta\alpha}{\overline{\alpha}}+\Delta\varepsilon^{(\mathrm{v})}\cos^{4}\phi+\Delta\delta^{(\mathrm{v})}\sin^{2}\phi\cos^{2}\phi\right]\sin^{2}i\cdot\tan^{2}i \qquad (4\text{-}31)$$

$$Z=\rho\alpha$$
$$G=\rho\beta^{2}$$

式中　θ 和 ϕ——分别为入射角和方位角；

$\quad R_{\mathrm{P}}^{\mathrm{HTI}}\left(\theta,\phi\right)$——与入射角 θ 和方位角 ϕ 有关的纵波反射系数；

$\quad Z$——纵波波阻抗；

$\quad \rho$——介质密度，g/cm^3；

$\quad \alpha$——纵波速度，m/s；

$\quad \Delta Z/\overline{Z}$——波阻抗之差与平均波阻抗的比值；

$\quad G$——横波切向模量；

$\quad \beta$——横波速度；

$\quad \gamma$、δ 和 ε——Thomsen 的各向异性系数；

$\quad$上标 v——波垂向传播的值（对应 VTI 介质）；

$\quad \Delta[\cdot]$——上、下界面物理量之差；

$\quad \overline{[\cdot]}$——上、下界面物理量之均值。

在上式的推导过程中，假设 HTI 介质上覆盖着均匀各向同性介质，因此前述 "界面上、下" 的参数值指的是均匀介质层和 HTI 介质的参数值。

在小入射角的前提下，Rüger 对式（4-31）进一步简化，并引入随方位角变化的 AVO 梯度项 $B(\phi_k)$，使反射系数与方位角变化的梯度项 $B(\phi_k)$ 建立关系，$B(\phi_k)$ 由各向同性项系数 B^{iso} 以及各向异性项系数 B^{ani} 组成，它们的具体表达式分别为式（4-32）至式（4-34）：

$$B\left(\phi_{\mathrm{k}}\right)=B^{\mathrm{iso}}+B^{\mathrm{ani}}\cos^{2}\left(\phi_{\mathrm{k}}-\phi_{\mathrm{sym}}\right) \qquad (4\text{-}32)$$

$$B^{\mathrm{iso}}=\frac{1}{2}\left[\frac{\Delta\alpha}{\overline{\alpha}}-\left(\frac{2\overline{\beta}}{\overline{\alpha}}\right)^{2}\frac{\Delta G}{\overline{G}}\right] \qquad (4\text{-}33)$$

$$B^{\mathrm{ani}}=\frac{1}{2}\left[\Delta\delta^{(\mathrm{v})}+2\left(\frac{2\overline{\beta}}{\overline{\alpha}}\right)^{2}\Delta\gamma\right] \qquad (4\text{-}34)$$

式中　ϕ_k——第 k 次的观测方位角；

$\quad \phi_{\mathrm{sym}}$——沿裂缝带对称轴方向的方位角，由于 ϕ_{sym} 一般是未知的，因此应采用观测方位和它的差值表示。

各向同性项系数 B^{iso} 表征了均匀介质情况下（无裂缝）的反射系数变化梯度。各向异性项系数 B^{ani} 表征了 HTI 介质中裂缝的存在对反射系数变化的影响，使反射系数随方位变化。式（4-32）是振幅随方位变化（AVAZ）分析的基本公式，它有三个变量：B^{iso}，B^{ani}，ϕ_{sym}。Rüger 发现 AVO 梯度项 $B(\phi_k)$ 随方位的变化可以近似用一个椭圆来刻画，椭圆的长

轴为 $B^{iso}+B^{ani}$，椭圆的短轴为 B^{iso}。Mallick 和 Craft 等人研究认为，地下介质中的裂缝强度越大，由各向异性拟合出的方位椭圆的扁率越扁，其长轴或短轴方向代表裂缝走向。但在实际工作中，想要获取各个方位的 AVO 梯度来进行裂缝预测必须要采集高密度的地震数据，成本相应很高。目前采用得最广泛的方法是对某个方位范围内的地震数据进行叠加，若地震数据的偏移距在各个方位分布比较均匀，则叠加后各个方位的偏移距比较一致，此时各方位地震数据的振幅变化近似为一个椭圆，因此可用椭圆拟合的方法来进行各向异性裂缝预测。因此，在实际工作中可以按照多方位地震观测的结果（图 4-62），拟合出相应的方位各向异性椭圆（图 4-63），则地下介质中裂缝的强度和发育方向可以由拟合出的椭圆的长短轴之比和长、短轴方位来确定。理论上，只要知道三个方位或三个方位以上的反射振幅数据，就可以实现对储层中任意一点的裂缝发育的密度和方位的预测。

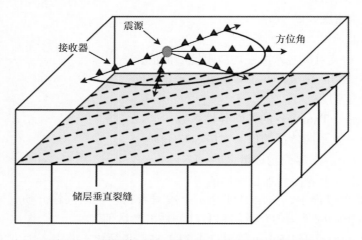

图 4-62　裂缝储层与三维地震方位数据采集示意图

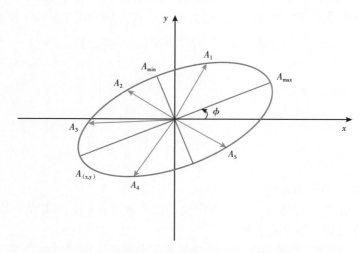

图 4-63　AVO 振幅梯度随方位变化拟合的各向异性椭圆

同时，不仅仅是 AVO 梯度与地下介质中的裂缝发育情况密切相关，理论研究表明，纵波速度、地震波的频率和衰减也与储层裂缝发育有关。通过岩石物理模型试验研究裂缝储层的地震波相应特征，结果表明，对于 HTI 介质，纵波平行于裂缝面的传播速度最快，垂直于裂缝面的传播速度最慢。根据裂缝储层的地震散射理论研究表明：平行于裂缝面走向方向，频率随偏移距衰减慢；而垂直于裂缝面走向方向，频率随偏移距衰减快，并出现强非均质性。而且，含气裂缝较含油裂缝表现出更强的非均质性，裂缝密度越大频率衰减越快；裂缝不仅产生地震衰减，还产生地震波场干涉现象，瞬时频率常用来研究地震波场干涉现象。同时，瞬时频率可用来分析裂缝储层中相干波的时变频谱属性和刻划地震波的衰减属性。因此，同样的沿不同方位提取地震波的速度、走时、频率、衰减等属性，拟合方位各向异性椭圆，能对地下裂缝的发育情况进行更准确的预测。根据前人的研究成果，对于裂缝，尤其是高角度裂缝，地震波动力学特征（频率、振幅、衰减和相对波阻抗等）比运动学特征（速度、走时等）更为敏感；而且尤其是当裂缝介质中含气时，在垂直于裂缝面方向，介质的不均质性和对地震波衰减表现得尤为强烈。研究表明，在这些动力学属性中，衰减属性与裂缝的关系更为密切。

图 4-64 显示了叠前纵波各向异性裂缝预测技术的整体流程。首先对叠前 CMP 道集进行偏移距和方位角的分析与处理，分析出最优的方位角划分方式，然后分方位进行叠加、叠后偏移、属性提取等处理过程，再从各方位的属性数据中提取出各向异性，利用试气数据、断层数据、成像测井数据进行敏感属性的筛选，最后用成像测井测得的裂缝密度数据对敏感属性的裂缝预测结果进行标定，最终得到各目的层的裂缝分布情况。

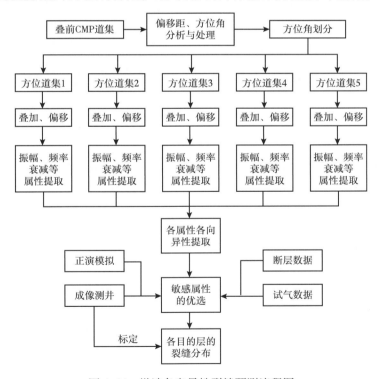

图 4-64　纵波各向异性裂缝预测流程图

4.3.4.2　叠前 CMP 数据分析与处理

为满足叠前属性处理的需要，纵波各向异性裂缝预测法要求地震资料为宽方位三维地震采集得到的资料。宽方位三维观测系统主要是指每个 CMP 面元内大小炮检距分布均匀，方位角分布较好，纵横向覆盖次数基本相当或差别不大。

对方位角进行定义：正北方向为 0°，沿顺时针方向变化到 360°，回到正北方向。由于裂缝的对称性，所以只需要考虑 0°~180°的方位角即可，而 180°~360°的方位角则对称折叠到 0°~180°中来。根据道头中的炮点和检波点 XY 坐标可以计算出各道数据的方位角。对工区的叠前地震资料进行分析可知，工区面元大小为 25m×25m。工区面元方位角分布情况如图 4-65 所示，从图上看每个面元内的方位分布很不均匀，在 0°方位和 180°方位的存在较大偏移距，而 90°左右方位的偏移距明显较小。对叠前地震资料的偏移距方位角进行交会分析，最小偏移距为 20m，最大偏移距为 8600m。可以发现偏移距在各个方位角内分布很不均匀，对于 40°~140°范围内的方位角，其偏移距的分布范围要远远小于靠近于南北方向（对应方位角分别为 180°和 0°）的方位角的偏移距分布范围，呈现"两头高、中间低"的分布形态，例如 0°方位角（正北方向）的最大偏移距为 7163.933m，90°方位角（正东方向）的最大偏移距为 3788.87m，179.99°方位角（近正南方向）的最大偏移距为 7612.909m。这种偏移距的不均匀分布，对纵波各向异性裂缝预测是有不利影响的，必须要采取必要的措施来减小或消除偏移距的这种不均匀分布现象。

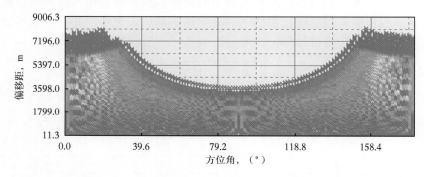

图 4-65　原始叠前地震数据的方位角偏移距交会图

当偏移距方位分布不均匀时，一般都需要进行偏移距切除来保证偏移距方位分布的相对均匀。若不进行切除直接使用原始叠前数据进行裂缝预测，这时偏移距的不均匀分布会引入 AVO 效应对方位各向异性的影响，进而影响到裂缝预测的结果，可能产生较多假象。采用偏移距切除的方法来校正偏移距分布的方位不均匀性时，一般选择切除大偏移距的资料，但这样做一方面会降低地震资料的覆盖次数，使信噪比大大降低，增强噪声对方位各向异性的干扰，虽然覆盖次数和信噪比的降低可以通过超面元叠加来解决，但使用过大的超面元又会减弱地震数据的方位各向异性，引入更多的不确定因素，使裂缝预测的效果和准确性大大降低；另一方面大偏移距的资料含有更加丰富的信息，方位各向异性也更加明显，切除大偏移距的资料对方位各向异性的损失也是比较大的。面对实际资料中的偏移距不均匀分布，要进行有效的处理，使得地震数据的信噪比和方位各向异性都有可靠的保证。

图 4-66 是对偏移距大于 3500m 的数据切除以后得到的方位角偏移距交会图，切除后面元的最大覆盖次数为 52 次，最小覆盖次数为 27 次，平均覆盖次数为 38.14 次，这样分为 5 个方位角后，面元的平均覆盖次数为 7.628 次。从偏移距方位角交会图上看，切除后各方位的偏移距分布几乎是均匀的，可以认为这时消除了 AVO 对方位各向异性的影响。

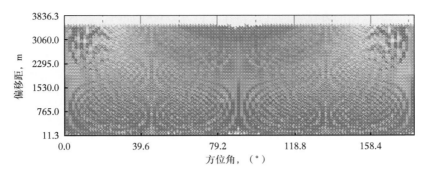

图 4-66　3500m 以上偏移距切除以后的方位角偏移距交会图

由于工区每个面元的原始覆盖次数较高（约 73 次），通过前面的分析，为了避免偏移距方位分布不均匀带来的 AVO 效应对裂缝预测结果的影响，同时为了确保裂缝预测结果更准确、可靠，采取 3500m 以上偏移距切除的方式来校正偏移距分布的方位不均匀性，并将 CMP 数据在 0°～180° 方位角范围内分为 5 组（图 4-67），进行分方位叠加，以组内的中心方位角来代表该组的方位角。依照各组内面元的覆盖次数均匀的原则，具体按以下方式来分组：

（1）0°～37°，中心方位角为 18°。

（2）37°～90°，中心方位角为 63°。

（3）90°～143°，中心方位角为 116°。

（4）143°～180°，中心方位角为 160°。

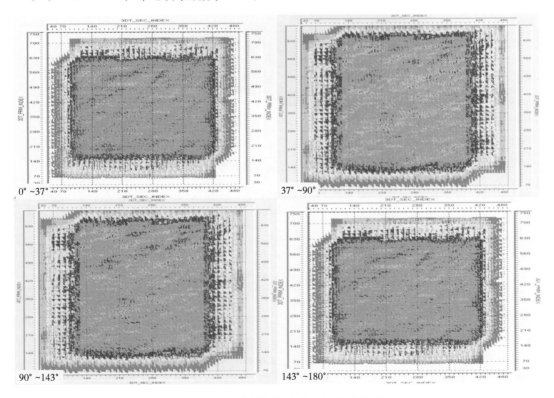

图 4-67　叠前数据的方位角划分示意图

为了保持原始数据的方位各向异性，在进行分方位叠加时，没有使用超面元叠加，仍保持原有的 25×25m 的面元。

通过对式（4-32）至式（4-34）分析发现，拟合的椭圆扁率与介质的纵波速度、横波速度、入射角、阻抗、各向异性参数等参数有关。图 4-68 为椭圆扁率与界面上下速度比和阻抗比的变化趋势图。假定入射角、方位角、各向异性参数等为定值，则拟合椭圆扁率随着界面上下介质的速度比和阻抗比的变化而变化。这说明利用方位地震数据进行裂缝预测是具有一定陷阱的。在地震剖面上，预测的地震各向异性强的地方不一定裂缝密度大。利用拟合各向异性椭圆扁率的方法来进行各向异性强度预测是具有多解性的。除各向异性参数外，椭圆扁率受到纵横波速比、阻抗比等其他因素的影响。因此，沿层提取介质的各向异性强度时，界面上下介质的参数横向变化不大，得到的裂缝密度横向上具有可比性；而在做裂缝的剖面解释时，由于介质的弹性参数在纵向上变化可能比较大，此时要格外小心这种陷阱。

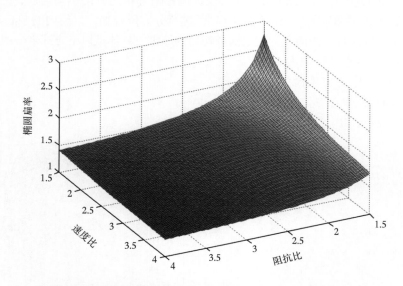

图 4-68　椭圆扁率与界面上下速度比和阻抗比的变化趋势图

这里共提取了振幅属性、频率属性、衰减属性、瞬时属性等与裂缝发育密切相关的 17 种属性，各属性的类别与名称见表 4-2，然后再在这些属性体的基础上提取目标层位的各向异性强度，用于裂缝预测。

（1）振幅属性有：振幅、相对波阻抗。

（2）频率属性有：总能量、最大能量、部分能量、部分能量梯度、部分能量比。

（3）衰减属性有：第一个能量百分比（65%）处的频率、第二个能量百分比（85%）处的频率、特定频率（35Hz）处的能量百分比、频率衰减梯度、参考频率衰减梯度、衰减的起始频率。

（4）瞬时属性有：瞬时频率、瞬时能量、瞬时带宽、瞬时主频。

振幅数据是最基础的数据，地震各向异性最先体现在不同方位接收的地震记录的振幅值的差异；通过对原始地震数据进行属性提取，地震各向异性也体现在各属性数据中。实际工作中经常使用各属性数据而不是直接用地震记录的振幅来进行裂缝预测，因为使用振幅数据容易受到地震子波的影响，预测的裂缝分布往往比较离散，连续性较差，且有时存在不稳定的现象；而使用属性数据得到的裂缝预测结果往往更加准确和可靠。但属性数据来源于原始地震振幅数据，其预测的裂缝分布情况应与振幅数据预测的裂缝分布类似，因此振幅属性可以作为选择可靠、敏感属性的一个重要参考。

表4-2　17种属性的类别与名称

属性类别	属性名
振幅属性	振幅、相对波阻抗
频率属性	总能量、最大能量、部分能量、部分能量梯度、部分能量比
衰减属性	第一个能量百分比（65%）处的频率、第二个能量百分比（85%）处的频率、特定频率（35Hz）处的能量百分比、频率衰减梯度、参考频率衰减梯度、衰减的起始频率
瞬时属性	瞬时频率、瞬时能量、瞬时带宽、瞬时主频

沿目的层位预测裂缝的密度和方位时，首先要确定沿层位上下开时窗的大小，开时窗的目的是为了避免数据的偶然误差对裂缝预测的影响，使用时窗内数据的平均值来进行裂缝预测。但实际得到的裂缝密度和方向并不是实际所选时窗内裂缝密度和方向的平均。纵波各向异性裂缝预测本质上利用的是方位数据间的差异来对裂缝的密度和方向进行估计。当使用的时窗较大时，数据间的平均效应会改变地震数据间的差异，使对地下介质中裂缝密度和裂缝方向的估计产生误差。

实际地下介质的裂缝发育情况往往是十分复杂的，由于多期构造运动和复杂的地质条件，地下介质往往发育有多期次、多层位的裂缝。各层位的裂缝发育情况可能会有很大差异，上覆层的裂缝发育密度与目标层可能不一致，上覆层的裂缝发育方向与目标层可能平行也可能正交，因此沿着各层位拟合的方位各向异性椭圆的方向和扁率也可能会不一致。因此，当时窗内包含有多个层位的裂缝响应时，在时窗内使用数据间的平均来进行裂缝预测时，数据的平均效应会严重影响裂缝预测结果：

（1）当上覆介质（对应向上开时窗）的裂缝发育方向与目标层的裂缝发育方向正交时，平均效应会显著减小时窗内的裂缝密度估计值，估计的裂缝发育方向接近于具有优势属性值层位的裂缝发育方向。

（2）当上覆介质的裂缝发育方向与目标层的裂缝发育方向平行时，若上覆介质的裂缝发育密度与目标层的裂缝密度相同，对时窗内的裂缝密度估计值不变，若上覆介质的裂缝发育密度比目标层的裂缝密度大或小，对时窗内的裂缝密度估计值介于两者之间，而估计的裂缝发育的方向都不变。

（3）当上覆介质的裂缝发育方向与目标层的裂缝发育方向斜交时，对时窗内裂缝发育方向和密度的估计都会出现偏差，具体的变化情况要根据上下介质的裂缝发育方向、密度和属性值的大小来决定。

（4）若上覆介质不含有裂缝（为均匀介质），时窗越大，估计的裂缝密度越小，估计的裂缝发育的方向不变。

一般情况下，平均效应对预测的裂缝密度的影响要远远大于对预测的裂缝方向的影响。在实际地下介质中，目标层与其上覆介质层的裂缝发育方向很可能是斜交甚至正交的。因此根据上面的分析，当使用过大的时窗时，很可能会包含较多的裂缝层，导致对时窗内裂缝密度和方向的估计出现较大偏差（图 4-69）。

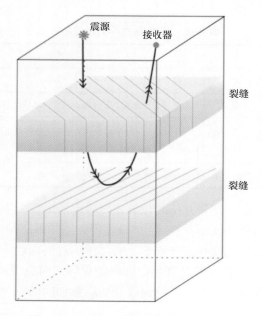

图 4-69 地下介质多层裂缝发育示意图

在提取各向异性强度时，时窗的选取十分重要，时窗过大会改变各方位数据间的差异，使预测的裂缝密度、方向、分布位置与实际情况产生偏差；时窗过小又容易引入数据的偶然误差，使裂缝预测的结果难以准确地反映地下介质的真实情况。通常情况下，时窗的长度应通过反复试验来确定，一般不能大于 3 倍地震同相轴的时间宽度，同时子波的形态及长度对时窗长度的选取也有影响。在实际工作中要多采用小时窗多层位的做法。若想求取某一较大时窗内的裂缝平均发育情况，应在大时窗内依次取多个小时窗，在小时窗内进行裂缝预测，再整体求平均；或进行相应各向异性强度数据体的计算，再提取数据体的较大时窗内的平均值。经过反复试验和对地震数据的分析，后面的各向异性强度提取的窗长度为沿目标同相轴上下 8ms，刚好能将一个地震反射同相轴包含在内。振幅数据是最基础的数据，是其他属性数据的来源，振幅属性的裂缝预测结果将直接用于评价其他属性裂缝预测结果的可靠性。

如图 4-70 为龙马溪组底部的振幅属性的裂缝预测结果，图中展示了预测出的龙马溪组底部的裂缝密度分布情况，红色、黄色和绿色表示裂缝密度较大的地方，其中红色代表裂缝密度最大的地方，再往下依次为黄色和绿色；蓝色表示裂缝密度很小的地方。可以看出，龙马溪组页岩裂隙发育程度与区域断裂有明显关系，受区域断裂控制，Zhao104 井并不在预测的裂隙发育区。

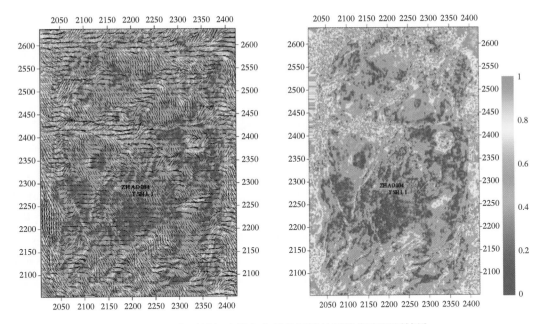

图 4-70　龙马溪组底部各向异性属性的裂缝密度预测结果

5 页岩储层表征技术及储层分类评价

页岩气的生成、保存与有机质孔隙的形成和演化过程关系密切。与常规油气储层相比，页岩储层十分致密，纳米级孔隙发育，孔隙度和渗透率极低。近年来，在泥页岩孔隙类型、大小、结构及分布方面开展了大量的研究，并取得了一系列的进展，最显著的研究进展是关于泥岩中有机质纳米级孔隙的电子显微镜成像及有机孔形成的主要控制因素的认识。常规油砂储层的实验测试技术无法完全适用于页岩岩心。页岩纳米级孔隙发育，使得页岩中的气体除了以游离气形式存在外，还有一部分气体主要以吸附气存在。页岩含气量测试技术也是页岩气特有的测试技术，它可以测量页岩含气量，为页岩气地质选区和储层评价等方面提供关键参数。因此，开展页岩含气量、孔隙度和渗透率研究，是页岩气勘探开发的基础。本书通过开展页岩含气量、孔隙度、渗透率和微观孔隙表征等技术方法研究，确立了页岩储层表征技术，对页岩储层微观孔隙、储层类型进行了分类评价。

5.1 页岩含气量测试技术研究

5.1.1 仪器原理及组成

页岩含气量测试仪主要依据排液称重法测试页岩含气量。仪器的主要构成包括：气体流量检测仪，加热集成系统，解吸罐，采气盒，内置温度、压力监控、计量，除尘除湿装置，进口快装接头，气路连接管线，气体自动采集、排放，数据采集及控制系统，包括人机交互界面、自动记录功能（时间间隔可人工设置）、报表自动形成功能（图 5-1）。

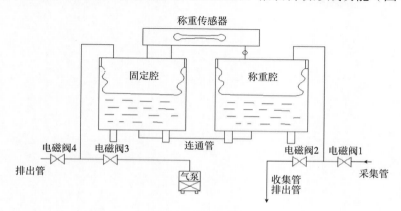

图 5-1　页岩含气量测试技术原理图

5.1.2 功能指标及测试

5.1.2.1 页岩含气量测试仪功能指标

页岩含气量测试仪主要功能为测量不同时间页岩解吸气体的速率，通过解吸出的气体计算页岩的含气量。主要功能指标为：

（1）解吸罐：材质抗压、抗碰撞，内径 7~12cm，高度 30~32cm，0.3MPa 压力下保持气密性。

（2）气体流量检测装置：量程 500mL 以上，精度大于 $0.1cm^3$。

5.1.2.2 页岩含气量测试

页岩测量气含量 G_s 等于损失气含量 G_{sl}、解吸气含量 G_{sd} 和残余气含量 G_{sr} 之和，见式（5-1）。

$$G_s = G_{sl} + G_{sd} + G_{sr} \tag{5-1}$$

页岩现场含气量测试主要流程为：测试人员提前进入现场，安装调试仪器设备，待岩心从取心筒取出，快速选取待测样品，进行解吸气量测试，之后进行残余气量测试，现场测试后的岩心在室内进行其他参数的实验测试，然后进行数据处理，提交测试报告。利用现场含气量测试仪，可以得到页岩现场解吸实验数据。损失气含量是指每吨页岩中所含的损失气量。损失气量是指一定质量页岩样品从井底开始解吸到封罐之前所解吸出的气体量，也称逸散气量，可用 USBM 法进行回归计算。样品从井底开始解吸到封罐之前所经历的时间为损失时间。

5.1.3 技术应用

已开展了 78 口页岩气井的含气量测试。重要发现井有威 201 井、宁 201 井、昭 104、焦页 1 井、延页 1 井、延页 2 井、巫溪 2 井、巫溪 202 井，并编制了石油天然气行业标准 SY/T 6940—2013《页岩含气量测定方法》。

5.2 页岩孔隙度测试技术研究

5.2.1 仪器原理及组成

页岩孔隙度的测试原理是根据波义尔定律，即利用氦气测得岩石的骨架体积，通过岩石的总体积（包括岩石的孔隙体积）和骨架体积计算孔隙度。氦气法孔隙度测试仪主要由参比室、样品室及进气阀、连接阀和排气阀等组成，如图 5-2 和图 5-3 所示。

5.2.2 功能指标及测试

页岩孔隙度仪主要用于测试致密岩石的有效孔隙度和总孔隙度。设备的测试参数指标为：

（1）岩心规格：直径 1in❶，长度 1in 柱状岩心粉碎；直径 1.5in，长度 2in 柱状岩心粉碎。

---

❶ 为照顾科研工作使用习惯，本书部分地方使用了非法定计量单位，请读者注意。

（2）工作压力：0.689MPa~5.25MPa（100psi~750psi）。

（3）压力计量精度：0.1%FS。

（4）孔隙度测试范围：1%~10%（超低渗岩心）。

（5）测量精度：0.4%~0.5%。

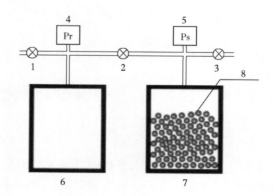

图 5-2　氦气法孔隙度测试仪示意图

1—进气阀；2—连接阀；3—排气阀；4—参比室压力传感器；5—样品室压力传感器；
6—参比室；7—样品室；8—页岩样品

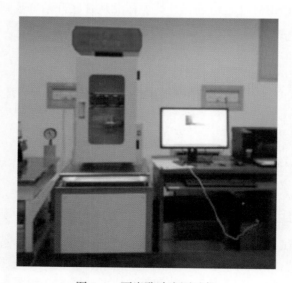

图 5-3　页岩孔隙度测试仪

5.2.3　技术应用

　　孔隙度是页岩气有利区优选和储层评价的重要指标，准确测试孔隙度对页岩气勘探具有重要的意义。由于页岩纳米级孔隙发育，导致渗透性差，在测试过程中，参比室气体进入样品室后再进入页岩样品内部需要一定的时间，国内也尚未建立页岩气体饱和所需时间的统一标准。通过开展不同饱和时间对页岩孔隙度结果的影响研究，对页岩岩心氦气法孔隙度测试所需的饱和时间进行了优化。从图 5-4 不同饱和时间下页岩氦气法孔隙度变化规律可以看出，随着饱和时间的延长，气体不断向页岩内部渗透，孔隙度值也相应增大，直到25min后孔隙度结果不再增大。这表明25min后，页岩内部气体已经基本达到饱和状态，因此选取饱和时间为25min作为孔隙度测试的统一标准。

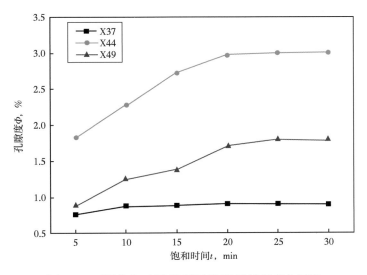

图 5-4　不同饱和时间下页岩氦气法孔隙度变化规律

利用氦气法孔隙度测试了南方海相巫溪 2 井、巫溪 202 井、YS108 井、荆 201 井、YS102 井和 YS11 井等页岩样品，为页岩气有利区优选、储量计算等方面提供了基础参数。同时开展了柱塞样品和颗粒样品页岩孔隙测试研究，研究了 TOC 和有机质面孔率对孔隙度的影响因素。通过不同重量颗粒样品的孔隙度测试（图 5-5），优选出 30g~100g 作为页岩总孔隙度测试标准。将国家能源页岩气研发（实验）中心和中国石油化工股份有限公司华东分公司石油勘探开发研究院作为孔隙度实验比对的依托单位，进行了实验比对，发现

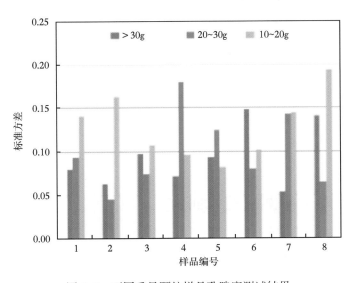

图 5-5　不同重量颗粒样品孔隙度测试结果

两家测试单位的测试结果十分接近（图 5-6），验证了该测试方法效果较好。在孔隙度影响因素研究方面，发现颗粒样品孔隙度较柱塞样品孔隙度大（图 5-7）。TOC 对页岩孔隙度影响为 $TOC < 6\%$ 时孔隙度与 TOC 正相关性好，$12\% > TOC > 6\%$ 孔隙度增大变缓，$TOC > 12\%$ 孔隙度呈减小趋势。

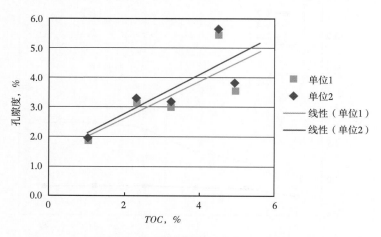

图 5-6 页岩 TOC 含量与孔隙度关系

单位 1—国家能源页岩气研发（实验）中心；单位 2—中国石油化工股份有限公司华东分公司石油勘探开发研究院

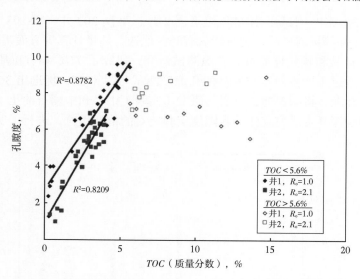

图 5-7 Middle Devonian Marcellus 页岩孔隙度与 TOC 的关系（据 Milliken，2013，AAPG）

5.3 页岩储层渗透率测试技术研究

5.3.1 仪器原理及组成

页岩脉冲衰减法渗透率测试原理是对一定规格的柱塞状岩石样品，饱和某一压力的气体，待压力稳定后，可以通过降低下游压力，建立岩心上游端和下游端的压差；在气体渗流过程中，上游压力不断降低，下游压力不断升高，并逐渐趋于平衡；通过建立上下游平均压力与时间的函数关系，计算岩石的渗透率。

页岩脉冲衰减法渗透率测试仪主要由夹持器、上游室、下游室、压力传感器和压差传感器等部件组成（图5-8、图5-9）。

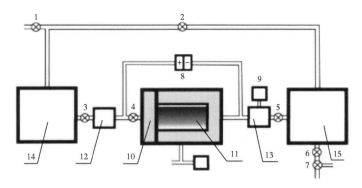

图5-8　脉冲衰减法渗透率测试仪示意图

1—进气阀；2—上下游室连接阀；3—上游室进气阀；4—上游室出气阀；5—下游室出气阀；6—排气阀；
7—针型阀；8—压差传感器；9—压力传感器；10—岩心夹持器；11—岩石样品；12—上游室；13—下游室；
14—上游缓冲室；15—下游缓冲室

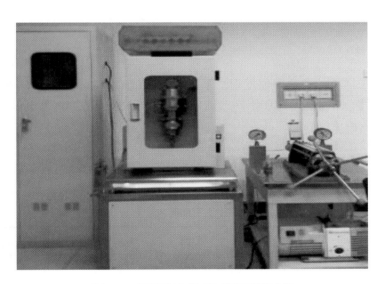

图5-9　页岩脉冲衰减法渗透率测试仪

5.3.2　功能指标及测试

页岩脉冲衰减法渗透率测试仪主要用于测试致密岩石的渗透率。其主要功能为：

（1）渗透率：测量范围：0.01μD~0.1mD，相对误差：20%。

（2）适用岩心：$\phi25×$（5~50）mm。

（3）围压及轴压：70MPa。

（4）标室体积 $V_0 = V_3 = 100$ mL， $V_1 = V_2 = 5$ mL。

为了验证页岩脉冲衰减法渗透率测试的可行性。将两个不同渗透率级别的柱塞状页岩样品，分别送至国家能源页岩气研发（实验）中心和中国石油化工股份有限公司华东分公司石油勘探开发研究院进行比对实验，分别采用相同的测试条件进行三次测试实验（气体介质为高纯氮气，围压 1500psi，测试压力 1000psi）结果见表 5-1。

表 5-1　不同单位测量页岩的脉冲衰减法渗透率结果

样品编号	测量次数	单位 1 渗透率值，mD	单位 2 渗透率值，mD
2-6	1	0.03101	0.03772
	2	0.02981	0.03585
	3	0.03119	0.03803
	平均值	0.03067	0.03720
12	1	0.000201	0.000207
	2	0.000126	0.000188
	3	0.000136	0.0000578
	平均值	0.000154	0.000151

注：单位 1——国家能源页岩气研发（实验）中心；
　　单位 2——中国石油化工股份有限公司华东分公司石油勘探开发研究院。

通过对比两个样品的渗透率值发现，不同单位测试的脉冲衰减法渗透率值十分接近，表明该测试方法具有可行性。对于不同渗透率级别的样品测试发现，渗透率低的样品多次测量的相对误差较渗透率高的样品大。

为了进一步验证新方法（脉冲衰减法）测试致密岩石渗透率的准确性，开展了实验室间对比实验，测试围压为 1000psi，测试孔隙压力为 500psi，结果见表 5-2 与图 5-10。比对结果显示，该方法的准确性较好，误差控制在 1%~20%。

表 5-2　不同单位致密岩石的脉冲衰减法渗透率结果

样品	直径，cm	长度，cm	孔隙度，%	单位 1	单位 3	单位 4
YS111-25	2.51	3.30	0.79	0.000278	0.000282	0.000212
Y11-39	2.43	3.75	6.70	0.0131	0.0130	0.0172
Y11-42	2.40	3.54	4.62	0.0384	0.0398	0.0351
Y11-52	2.43	4.45	1.27	0.00287	0.00284	0.00334
Y11-9	2.32	4.35	13.86	0.0585	0.0635	0.0618

注：单位 1——国家能源页岩气研发（实验）中心；
　　单位 3——中国石油天然气集团有限公司非常规油气重点实验室煤层气实验室；
　　单位 4——中国科学院渗流所。

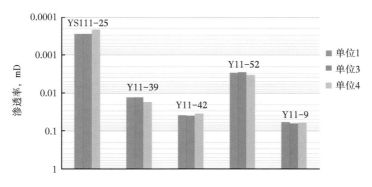

图 5-10　不同单位致密岩石的脉冲衰减法渗透率结果

注：单位 1——国家能源页岩气研发（实验）中心；
　　单位 3——中国石油天然气集团有限公司非常规油气重点实验室煤层气实验室；
　　单位 4——中国科学院渗流所。

选择不同渗透率量级的样品进行多次重复性实验，发现多次渗透率测试的相对误差基本小于 10%（表 5-3）。

表 5-3　脉冲衰减法渗透率的重复性测试实验结果

样号	测量顺序	渗透率，mD	平均渗透率值，mD	相对误差
YS111-25-2	第 1 次	0.000298	0.000294	1.33%
YS111-25-2	第 2 次	0.000312	0.000294	6.29%
YS111-25-2	第 3 次	0.000267	0.000294	9.32%
YS111-25-2	第 4 次	0.000298	0.000294	1.20%
Y11-39	第 1 次	0.020450	0.019212	6.44%
Y11-39	第 2 次	0.020111	0.019212	4.68%
Y11-39	第 3 次	0.017262	0.019212	10.15%
Y11-39	第 4 次	0.019025	0.019212	0.97%
Y11-42	第 1 次	0.049511	0.049291	0.45%
Y11-42	第 2 次	0.048921	0.049291	0.75%
Y11-42	第 3 次	0.049440	0.049291	0.30%
Y11-52	第 1 次	0.004292	0.004195	2.32%
Y11-52	第 2 次	0.004221	0.004195	0.62%
Y11-52	第 3 次	0.004110	0.004195	2.03%
Y11-52	第 4 次	0.004158	0.004195	0.87%
Y11-9	第 1 次	0.079235	0.077197	2.64%
Y11-9	第 2 次	0.080339	0.077197	4.07%
Y11-9	第 3 次	0.077817	0.077197	0.80%
Y11-9	第 4 次	0.071395	0.077197	7.52%

由图 5-11 可知，页岩脉冲衰减法渗透率测试过程中孔隙压力的变化很小，根据上游孔隙压力、下游孔隙与时间变化的关系，计算得到岩石的渗透率，详细计算公式可见 CUI 和高诚等文献。将自主研发的脉冲衰减法渗透率测试仪实验台与美国 CoreLab 公司生产的 PDP-200 型脉冲衰减法渗透率测试仪进行比较，通过对比发现，两者测试结果都为同一数量级，表明自主研发的渗透率测试装置测试精度与国外设备相当。

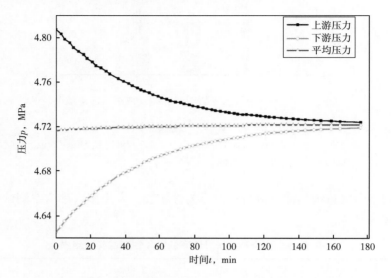

图 5-11　脉冲衰减法渗透率测试中压力随时间的变化曲线

5.3.3　技术应用

利用页岩脉冲衰减法测试了南方海相巫溪 2 井、巫溪 202 井、YS108 井、荆 201 井、YS102 井和 YS11 井等页岩样品，为页岩气有利目标区优选、产能评价等研究提供基础参数。在研发页岩脉冲衰减法渗透率测试仪、脉冲衰减法渗透率计算模型优选、测试条件优化和影响因素研究基础上，编制了页岩脉冲衰减法渗透率测定的国家标准。

5.4　页岩微观孔隙表征技术研究

5.4.1　聚焦离子束扫描电子显微镜

聚焦离子束扫描电子显微镜主要用于页岩微观表征技术研究。设备的主要组成为电子扫描电镜（SEM）和聚焦离子束（FIB）（图 5-12）。三维成像的原理为用 FIB 切样品，SEM 采集图像，每切一次后采集一张图像，然后将采集后的图像进行三维重构，可获得三维成像的效果。利用图像软件经过图像过滤、分割和统计处理后，得到相应的实验数据结构（图 5-13）。

通过使用聚焦离子束扫描电子显微镜解释了龙马溪组和筇竹寺组页岩的含气量的差异现象：同一井同一层段的页岩（龙马溪组）的含气量与 *TOC* 含量之间存在正相关性，而同一井不同层段的页岩（龙马溪与筇竹寺）含气量与 *TOC* 之间不存在相关性。并且，筇竹寺组页岩的含气量低（小于 0.5mL/g），主要原因为 JY1 井页岩的干酪根中发育大量的纳米级孔隙，可以提供储存甲烷的空间，因此 *TOC* 高的样品含气性好（图 5-14）。YS106 井龙马溪组页岩干酪根中有机质发育，而筇竹寺页岩有机质不发育，使得 YS106 井筇竹寺组页岩含气量低。

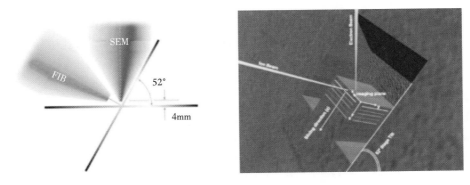

图 5-12　FIB/SEM 成像原理

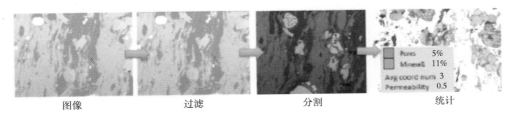

图 5-13　图像处理步骤

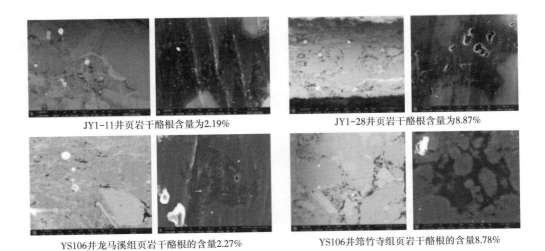

图 5-14　JY1 井与 YS106 井页岩 SEM 图像

N201 井中页岩样品有机质孔直径为 150~400nm 的孔体积占主要部分。孔径小于 50nm 的孔隙数量占 89.58%，孔径 50~100nm 的孔数量为 6.64%。JY1 井页岩干酪根中孔直径为 300~450nm 孔的体积占主要部分，孔径为 N201 井的 2~3 倍，分布范围较 N201 井广，孔径小于 50nm 的孔隙数量占 77.48%，孔径 50~100nm 的孔数量为 14.07%。

场发射扫描电镜是表征岩石微观孔隙结构和矿物分布特征的最直观的方法。常规岩石扫描电镜实验主要采用表面平整的自然新鲜的岩样断面，然后将样品固定在底座上，镀膜后直接进行扫描观察。如图 5-15 所示，新鲜自然断面观察页岩表面时，有机质与矿物基质灰度值之间差异较小不易于区分，同时有机质内部孔隙与页岩自然断面的粗糙面相互干扰不易于观察。氩离子抛光处理后，排除了样品不平整和样品制备等对孔隙结果观察的干扰，页岩内部无机矿物和有机质的微观结构非常清晰。

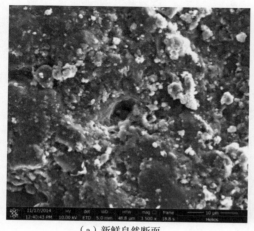 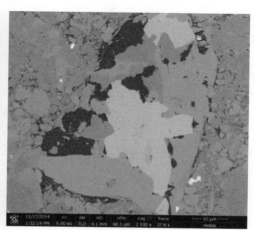

（a）新鲜自然断面　　　　　　　　　　　　（b）氩离子抛光后

图 5-15　页岩的 SEM 图像

页岩场发射扫描电镜实验步骤包括预抛光、氩离子抛光、镀碳和扫描。选取适当大小页岩样品，先用 200 目粗砂纸打磨，再用 2000 目的细砂纸反复打磨扫描面，然后将一定量的金刚石悬浮抛光液滴在钢化玻璃上进行预抛光打磨处理。将预抛光后的样品安放在氩离子抛光仪内，进行约 2h 抛光处理。抛光后的样品用导电胶固定在样品台上，再对抛光面喷碳处理以增加其导电性，然后样品放置在场发射扫描电镜内进行扫描。

本实验技术中采用的氩离子抛光仪为美国 FISCHIONE 公司生产的 1060 型离子减薄仪，离子束能量 4keV，抛光倾角为 3°。场发射扫描电镜为美国 FEI 公司生产的聚焦离子束扫描电镜（FIB/SEM）Helios Nanolab 650（图 5-16）。该仪器的加速电压 1~30kV，束流范围 1pA~65nA，电镜与样品扫描面的工作距离为 4~5mm，扫描模式为二次电子（SE）模式或背散射（BSE）模式。

图 5-16　Helios Nanolab 650 场发射扫描电镜

5.4.2 页岩高温高压吸附实验技术

　　重量法（gravimetric）等温吸附与容量法（volumetric）等温吸附实验所采用的仪器和原理存在很大的差异。对比分析认为重量法等温吸附更适用对页岩这种小吸附量的吸附剂进行实验。重量法等温吸附实验是利用磁悬浮天平直接称量测试样品在吸附气体后重量的变化，称量得到样品的吸附量，仪器的原理图如图 5-17 所示。采用的重量法等温吸附仪为荷兰安米德 Rubotherm 高温高压重量法吸附仪，磁悬浮天平的精度为 10μg，最高测试压力为 35MPa，最高测试温度为 150℃（图 5-18）。

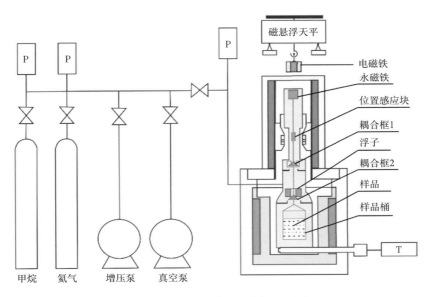

图 5-17　重量法等温吸附仪原理图

图 5-18　荷兰安米德 Rubotherm 高温高压重量法吸附仪

　　实验步骤：将页岩样品粉碎至 20~40 目，并在 105℃ 条件下烘干。首先采用氦气作为介质，进行空桶的空白实验测试，测试压力范围为 0~7MPa，记录不同压力下天平的读数。

空白实验结束后，在样品桶中装入约 3g 的页岩样品，在 150℃条件下抽真空脱气进行浮力测试，测试气体为氦气，测试压力范围 0~7MPa，并读取不同压力下天平的读数。最后进行甲烷吸附实验，吸附实验的气体介质为甲烷，当吸附压力小于 10MPa 时，平衡时间为 2h，吸附压力大于 10MPa 时，平衡时间为 4h，记录不同压力下天平的读数。

5.5 龙马溪组页岩纳米级孔隙特征及其成因

5.5.1 页岩纳米级孔隙特征及分类

利用氩离子抛光和 FIB 双束系统以及大容量成像技术，通过样品处理、刻槽、切片，对取自四川盆地长宁双河剖面、巫溪剖面、宁 201 井等龙马溪组页岩进行了二维和三维成像观测和表征，发现页岩储层中纳米级孔隙以干酪根纳米孔、颗粒间纳米孔、矿物晶间纳米孔、溶蚀纳米孔为主，喉道呈席状与弯曲片状，孔隙直径范围介于 10~1000nm，主体为介于 30~100nm，纳米级孔隙是致密储层连通性储集空间的主体。

在总结前人孔隙分类的基础上，基于方便可操作性将优质页岩孔隙进行了分类，分为孔隙和裂缝两大类；并对其中孔隙赋存的位置与颗粒间关系又分为有机质孔隙、无机质孔隙。按照成因分类原则，海相页岩孔隙可划分为原生孔隙和次生孔隙两大类，其中粒间孔隙基本为原生孔隙，有机质孔隙为次生孔隙。除此之外，次生孔隙还包括粒内溶蚀孔隙、粒间溶蚀孔隙及半充填或全充填微裂缝。南方海相龙马溪组页岩是纳米级孔隙非常发育的储层。研究发现：页岩成岩作用与生烃热演化作用两者共同控制页岩孔隙发育程度，两者相互作用在页岩中形成了多种孔隙类型，主要包括有机质孔、粒内孔、粒间孔、晶间孔、微裂缝，其中有机质孔是主要孔隙类型。

5.5.2 页岩储层的气泡成孔机制

对南方海相页岩龙马溪组生烃演化情况的分析结果表明，页岩气主要来自地质历史中形成的沥青二次裂解气。研究发现，页岩中存在的大量纳米级孔隙主要存在于干沥青中，其中孔隙尺度从几纳米到上千纳米不等，是页岩气富集的主要空间。Maini 提出用"泡沫油"这一术语来描述在连续油相中存在不连续气相的分散流动状态，这对页岩孔隙的形成也具有重要的借鉴意义。笔者认为，气泡成孔机制可以解释目前观测到的页岩纳米级孔隙分布特征，现今观测到孔隙在地质历史时期表现为气泡，随着沥青的固化气泡不再生长，固化成现今看到的各种尺度的孔隙。

5.5.2.1 气泡成核机制

可以推测当页岩生成沥青时，会形成一个个的微型纳米油藏，当纳米油藏压力低于泡点压力时，油相中的溶解气并不能立即析出，此时会出现过饱和现象，即原油中实际溶解气量高于热动力平衡状态下的溶解气量。过饱和是气泡成核的必要条件，忽略杂质和多孔介质的影响，饱和气体的原油属于单一的均相体系。溶解在单一均相体系中的组分在压力或温度波动时能够聚集在一起形成稳定的第二相时，称为均相成核。在气泡成核的初始阶段自由能 ΔG 是增加的。如式（5-2）与式（5-3）所示，当 ΔG 达到临界自由能 ΔG^* 后开始下降，相应的气泡半径为临界泡径 r^*，只有泡径超过 r^* 时气泡才是稳定的，可以继续膨胀，否则已形成的气泡会迅速消失。

$$\Delta G = -4/3\pi r^3 \Delta p + 4\pi r^2 \sigma_{bp} \tag{5-2}$$

式中　ΔG——自由能，J；

　　　r——气泡核半径，m；

　　　Δp——气泡核内外的压力差，MPa；

　　　σ_{bp}——气泡的表面张力，N/m。

由于页岩为多孔介质，多孔介质壁面上的成核称为异相成核。异相成核所需临界自由能 $\Delta G_{het}*$ 计算按式（5-3）：

$$\Delta G_{het}* = 16\pi\sigma_{bp}{}^3/3\Delta p^2 \cdot F(\theta) = \Delta G* \cdot F(\theta) \tag{5-3}$$

$$F(\theta) = 1/4 \cdot (2+\cos\theta) \cdot (1-\cos\theta)^2$$

式中　θ——界面润湿角，rad。

5.5.2.2　气泡成孔机制

气泡的生长阶段发生在气泡成核之后，这两个阶段的机理和主要影响因素不同。气泡成核阶段，能量主要消耗在气相的形成；气泡生长阶段，气相已经形成，生长的动力来自气泡内压，阻力来自油相的黏滞性和外压。气泡生长速度受气泡和油相的压力差、黏滞动量传递、油相的惯性及表面张力所控制。在初始时刻，一个微小气泡停留在静止的过饱和油相中，由于过饱和，油相中溶解的气体组分会进入到气泡中去，促使气泡生长，泡径不断变大。国内学者已建立并求解了水动力和扩散力综合作用下稠油油相中单气泡生长的数学模型，得出了气泡半径及油相中气体浓度随时间的变化规律，由此解释了稠油和稀油中不同的气泡生长现象：稠油中生成的气泡更稳定，而稀油中气泡成核后会迅速膨胀，易形成连续的气相。

页岩纳米级孔隙的形成过程中经历了气泡生长阶段。地质演化历史中，当原油中气泡生长到一定尺度后，将伴随着油气运移而运动，油气运移是气泡合并和分裂的主要动力。通常气泡分裂存在着三种主要形式：

（1）倾覆分裂，主要是指气泡在高速流动中进入两个孔隙导致拖曳分开成两个气泡。

（2）细长气泡分裂，指的是由于气泡在高速流动过程中逐步加长，到一定程度后导致分裂。

（3）跃变分裂，指的是孔喉比例很大时，气泡由孔喉进入大孔隙时所发生的分裂现象。

由于纳米油藏排烃过程中流动速度极小，所以前两种分裂形式极其少见，第三种分裂形式则比较常见。纳米油藏中沥青流动过程中，同样也存在气泡合并现象，当两个气泡在运移过程中由于孔隙和喉道的制约，距离靠得足够近时，表面张力发挥作用，两个小气泡合成为一个更大的气泡，有时候这种合并过程仍然留下了一些痕迹，图中左下侧"8"形态的孔隙即为两个气泡合并形成的（图5-19）。这种气泡的分裂和合并过程广泛存在于沥青二次裂解时期，正是二次裂解产生大量气体和轻组分，改变了纳米油藏的油气性质，产生气泡的分解和合成。随着油气藏演化，气泡逐步固化到干沥青中，进而形成了目前看到的大量纳米孔隙。

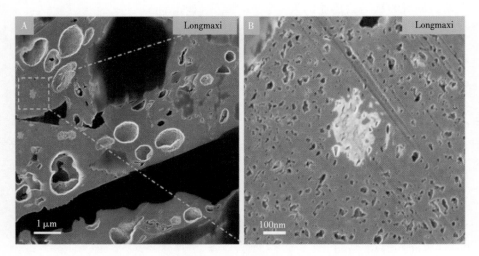

图 5-19　龙马溪组页岩储层中气泡成孔演化特征图

5.6　龙马溪组页岩自生脆化作用及其成因机制

5.6.1　页岩超压环境及形成机制

　　龙马溪组页岩从晚志留世末期开始进入低成熟阶段，R_o 值大于 0.5，开始产生少量的未熟油和少量烃类；晚二叠世末期 R_o 值大于 0.7，进入生油窗，大量石油生成；随着埋藏深度的进一步加大，热演化程度加深，到早侏罗世开始生干气，页岩达到最大埋深约为6000m，R_o 演化到最大值 3.0%，热演化基本停止；晚白垩世以来受板块碰撞挤压应力影响，地层强烈抬升剥蚀，剥蚀量约 3500m。经历上述过程的龙马溪组页岩普遍具有超压现象。页岩储层的超压形成机制包括干酪根成熟作用、烃类裂解、水热增压、黏土矿物转化及其他相关的成岩作用、流体传导作用等引起的增压作用。除了生烃等增压作用外，构造侧向挤压可以形成异常高的地层压力。构造应力直接作用于沉积物颗粒，对地层压力的作用通过压实作用表现出来，可视为侧向的压实作用。构造挤压所形成的超压增量在构造应力消失后，随之减弱为零。页岩孔隙演化可分为三个阶段：

　　（1）页岩生烃前的孔隙主要是矿物粒间孔和粒内孔，以粒间孔为主，受沉积环境及成岩作用控制和影响。

　　（2）干酪根开始降解生烃，形成干酪根内部孔隙，有机质和黏土矿物复合体孔隙形成于此阶段。

　　（3）石油开始二次裂解生气，海绵状有机孔的大量存在是高演化条件下烃类二次裂解成气的标志。

　　钻井泥岩声波时差（AC）、电阻率（RD）、密度（DEN）和井径（CAL）资料结合显示，在五峰—龙马溪段声波时差明显比上覆砂质含量高的地层和下覆石灰岩高，预示着该段孔隙度较高，可能因为强烈的生烃作用产生了大量孔隙空间，该孔隙中充满了异常高压的气体。由于泥岩这样的非渗透性岩石一般很难获得实测压力资料，研究区已有的实测压力资料仅为：宁 201 井 2400m 深度处的压力系数 1.45，流体压力 34.8 MPa。N201 井的实测压力系数点与由泥岩声波时差预测的孔隙流体压力系数趋势线较为一致，表明利用伊顿公式对于页岩超压的预测具有可行性。预测压力表明，地层埋藏深度大于 2150m，地层压力系数大于 1.2，地层进入超压；随着埋藏深度增加，超压幅度逐渐加大，在 2400m 处地层压力达到最高，压力系数接近 1.5，与富气层段对应。这表明超压对页岩保存富集具有重要的控制作用。

5.6.2 自生石英生成与页岩自生脆化作用机制

无论是野外剖面踏勘、镜下分析或 X 射线衍射数据显示，还是成岩系统过程研究，发现"脆化作用现象"普遍存在。石英和黏土矿物是泥质岩中矿物的主要两大组成部分，石英在页岩中以陆源石英、自生石英、次生加大石英、石英脉体等形式存在。目前前人针对页岩中石英形成途径的主要观点有三种，包括陆源成因、生物成因及黏土转化成因。也有部分学者认为火山沉积、火山热液等作用也是导致硅化作用的原因。硅是地球上第二丰度元素，是众多生物体和岩石矿物的组成元素。伊利石化产生二氧化硅，以微晶方式存在于黏土基质中。在硅质生物富集的页岩中，生物硅埋藏演化过程中演化较为常见，由蛋白石 A 向蛋白石 -CT 转换，进而转化为石英。

5.6.2.1 生物硅的形成

页岩中常常含有大量的硅质成分。根据研究，硅质成分主要有 3 种可能来源：

（1）生物或生物化学沉积成因。

（2）化学成因，包括火山喷发成因、超碱性条件下的沉积及热水沉积成因。

（3）交代成因。

由于物质来源、沉积环境及物理化学条件的不同，不同成因的硅质其地球化学条件不同。一般生物成因的硅质具有高 SiO_2、P_2O_5、Fe_2O_3 和低 Al_2O_3、TiO_2、FeO、MgO、K_2O 和 Na_2O 特征；典型的火山沉积和海相热水沉积表现为低 P 和 Ti 的特征。常见水体中的硅主要来自硅酸盐矿物的化学风化过程。硅是水生态系统中构成生物群落的重要元素，放射虫、硅质海绵和硅鞭毛虫生长和骨骼形成都离不开硅，作为浮游生物生长所必需的营养元素，硅在水体生态系统研究中占据非常重要的地位。水体中溶解硅通过生物利用转化为无定形的生物硅，亦称为生物蛋白石或简称蛋白石。沉积物中的生物硅主要为含硅浮游生物的遗体，如放射虫、硅鞭毛藻和海绵骨针等，其含量与表层水体中的生物繁盛程度密切相关。据统计，五峰组—龙马溪组下段地层笔石和放射虫含量明显高于龙马溪组页岩上段，放射虫数量 100~1000 个 /g（样品），笔石数量 25~200 条 /m²，表明五峰组—龙马溪组下段地层存在较多的生物硅质。

5.6.2.2 页岩成岩自生脆化作用

刘江涛等研究五峰组—龙马溪组页岩后认为，五峰组—龙马溪组页岩石英含量 40%~80%，平均达到 63%，过量硅含量为 2.6%~55.31%，其中五峰组至龙马溪组下段过量硅含量较高，分别达到 41.3% 和 25.5%；Al/（Al+Fe+Mn）值介于 0.62~0.87，与纯生物成因硅质成分接近，在 Al-Fe-Mn 三角图上，焦石坝页岩样品大部分落在生物成因区，表明了页岩的生物成因。

上述认识过分强调了页岩硅质来源的生物成因，其实陆源石英和伊利石转化过程中的硅质来源也不能忽视。为查明页岩中硅质成分及石英的演化，采用阴极发光与扫描电镜相研究了陆源石英、生物成因石英和黏土矿物转化石英三种类型，发现不同成因的石英，其矿物晶形和阴极发光特征有着明显的区别：陆源石英棱角模糊，呈次圆状或圆状，阴极发光以强发光为主；生物成因石英形态一般不规则，和早期生物类别有关，形态各异，阴极发光通常不明显，呈弱发光或不发光；黏土转化成因石英通常晶形以板片状为主，颗粒大小偏小，阴极发光同样呈弱发光或不发光，常常镶嵌在黏土矿物之间。

（1）陆源石英主要见于龙马溪组 LM$_5$ 及以上层位，龙马溪组 LM$_1$—LM$_4$ 段以上较少。虽较为罕见，扫描电镜下发现秀山溶溪剖面样品中石英表面发育有明显的撞击坑，且磨圆度较好，阴极发光强度较强，表明其搬运距离较远。

（2）生物成因石英矿物在龙马溪组下部 LM$_1$—LM$_4$ 普遍发育，硅质放射虫、海绵骨针等生物在镜下清晰可见，阴极发光强度不高，以白光为主。

（3）黏土矿物成因石英主要在龙马溪组页岩样品中较为常见，该类石英与伊利石、绿泥石等黏土矿物相间存在，主要以微晶板片状石英为主，其产状可以平行于页岩水平层理，也可以垂直于页岩水平层理。

自生石英形成后沿着水平层理或垂直层理分布，强化了石英在两个方向的层理，产生隐伏缝网，促进了页岩气可改造性（图 5-20）。总体就石英成因而言，龙马溪组 LM$_5$ 以上层位，陆源石英占 30%~50%，生物成因石英占 10%~15%，黏土矿物转化石英占 30%~40%；LM$_1$—LM$_4$ 段黏土矿物转化石英占 50%~60%，生物成因石英占 20%~35%，陆源石英占 5%~10%，其阴极发光强度较弱，一般呈弱发光或不发光，呈现典型的黏土矿物转化石英特征。

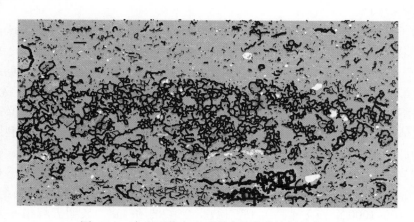

图 5-20   自生石英产生后形成的隐伏缝网示意图

龙马溪组下部富含有机质和生物成因石英，与上部富含陆源石英和少量生物的地层在成岩演化过程中之所以有如此不同，原因在于大量繁盛的有机质在演化过程中影响了地层水介质，导致成岩演化过程中上部和下部层位发生明显分异作用：下部成岩过程中流体的性质对成岩演化起着关键作用，黏土矿物的转化、有机酸化、矿物重结晶、流体侵入等作用均会导致页岩中流体性质的变化，从而制约自生石英的形成。由于龙马溪组上部和下部层位中形成了两种不同的成岩系统，SiO$_2$ 赋存的状态会随着矿物类型转变而不同，例如生物成因的石英，是随着成岩演化发生一系列"浮游生物—蛋白石 -A（硅质壳）—

蛋白石﹣CT—隐晶质石英（燧石）—微晶或粗晶石英"的转变。在成岩阶段早期，SiO_2 赋存形式主要以陆源石英矿物、蛋白石和燧石类矿物存在。

南方海相龙马溪组黑色页岩有机质成熟度普遍大于 2.5%，龙马溪组页岩成岩演化已进入晚成岩阶段，黏土矿物转化作用进行程度较高，蒙脱石中层间水在一定的物理化学条件下会不断析出，从地层水介质中吸取 K^+、Na^+、Mg^{2+} 等离子，黏土矿物晶体结构重新排列，形成伊蒙（I/S）混层或蒙脱石—绿泥石混层。如果地层水介质充足，温度压力条件具备，最终蒙脱石全部转化为伊利石或绿泥石。现存南方海相龙马溪组页岩中黏土矿物主要以伊利石、伊蒙混层及绿泥石为主，伊利石含量平均值为 40%~50%，伊蒙混层主要以伊利石为主，混层比普遍为 10%~20%，说明龙马溪组页岩早期蒙脱石在转化过程中孔隙水为碱性介质，并且在一定时间内富含 Fe^{2+} 和 Mg^{2+} 离子，蒙脱石主要转化为伊利石和绿泥石。在其转化过程中，产生了大量的 Si^{4+} 离子，进一步提高了地层水介质的 Si^{4+} 离子浓度，有利于重结晶作用的发生。

当在成岩阶段中晚期，一方面受到黏土矿物转化作用，提高了地层水介质中的 Si^{4+} 离子浓度，另一方面通过有机质产生的有机酸溶蚀作用影响，流体中 Si^{4+} 浓度的不断加大，地层中将发生广泛石英重结晶作用，产生大量微晶石英，并由于黏土矿物的层状结构，会导致微晶石英沿着黏土矿物层理面大量分布，页岩的层理和脆性得到明显加强，产生隐伏缝网（图 5-21）。而与此相反，由于龙马溪组上部有机质含量低，成岩演化过程中的有机酸产生有限，对生物石英和陆源石英溶蚀有限，地层水介质中的石英 Si^{4+} 浓度不高，重结晶作用不明显，难以形成大量黏土层间分布的微晶石英，脆性难以得到加强。这也是为什么龙马溪组下部石英含量很高，有机质丰度同时也很高的原因，丰富有机质沉积，在其成岩演化过程中产生有机酸溶解石英，重结晶产生微晶石英并重新排列，大幅度提高了页岩的脆性。

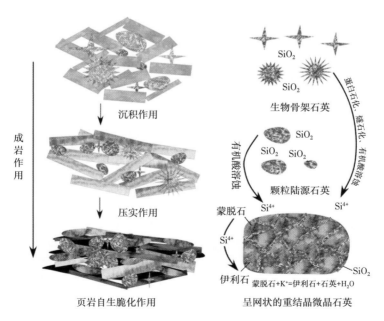

图 5-21 页岩自生脆化作用及隐伏缝网演化示意图

5.7　页岩气储层分类分级评价方法

5.7.1　页岩储层评价参数

页岩气的富集程度与储层条件密切相关，根据实际情况，借鉴前人研究成果，将生烃能力、储气能力及可压裂性三个因素作为页岩气储层评价的主要指标。

5.7.1.1　生烃能力

1. 有机质丰度

有机质丰度是页岩气聚集的最重要的控制因素之一，其高低会改变页岩中吸附气量的数量级，最终影响页岩气藏的产气率。有机质中大量的微孔隙结构对气体具有较强的吸附能力，TOC 值的大小与甲烷的吸附量呈正相关关系，因此有机质丰度直接响开采效率。

蜀南长宁、威远页岩气示范区下志留统龙马溪组页岩和下寒武统筇竹寺组页岩有机碳含量基本在 0.5% 以上。龙马溪组页岩 TOC 为 1%~6.69%，$TOC > 1\%$ 的样品占 72%。筇竹寺组页岩 TOC 在 0.22%~3.84%，平均为 2.04%，$TOC > 1\%$ 的样品占 86%（图 5-22）。

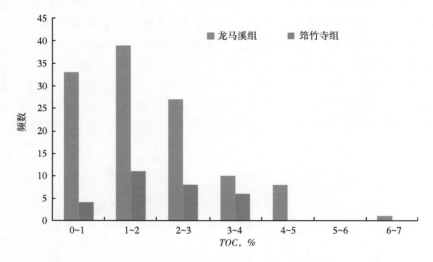

图 5-22　长宁、威远地区龙马溪组与筇竹寺组页岩有机碳含量分布图

2. 热成熟度

热成熟度用来评价烃源岩的生烃能力，其大小影响吸附在页岩中有机质表面的气体数量，可以反映有机质是否已经进入热成熟生气阶段（生气窗），有机质进入生气窗后，生气量剧增，并形成商业性页岩气藏。由于下古生界缺乏来源于高等植物的标准镜质组，因此无法用镜质体反射率标定下寒武统和上奥陶统—下志留统页岩的成熟度。一般采用换算过的沥青反射率或激光拉曼光谱法计算。页岩的高成熟度不是制约页岩气聚集的主要因素，相反，成熟度越高越有利于页岩气的生产。因为成熟度控制着气体的流动速度，由于气体的成因和赋存方式不同，高成熟度页岩气藏比低成熟度页岩气藏的气体流动速度大。

一般来讲，页岩气有效聚集的 R_o 范围值为 1.2%~3.5%。1.2%~3% 时，生烃强劲，易产生超压；3%~4% 时，含气性中等；$R_o > 4\%$ 时，有机质出现明显碳化，生烃衰竭，含气性差（图 5-23）。

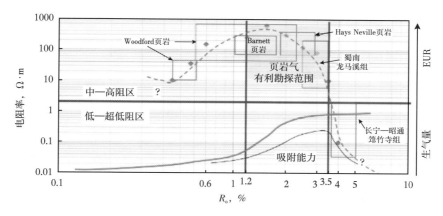

图 5-23 海相富有机质页岩气聚集成藏成熟度范围模式图（据黄金亮，2015）

3. 有机质类型

干酪根类型也影响着页岩气的产生，其类型有 I 型、II 型和 III 型。I 型干酪根（油亲干酪根）是一种好的气体来源，I 型干酪根和 III 型干酪根具有较高的 I_H（含氢指数）值。

干酪根与成熟度也有很大关系，只有达到一定成熟度才能生烃。如果 $R_o > 1.4\%$，确保石油已经被裂解为湿气；如果 $R_o > 2\%$，确保凝析气已被裂解为干气。高成熟度下难以用热解法和元素分析法标定干酪根类型，而 $\delta^{13}C$ 能够反映原始生物母质的特征，次生的同位素分馏效应不会严重掩盖原始生物母质的同位素印记，是有效判别指标。中上扬子地区下寒武统和上奥陶统—下志留统黑色页岩有机质类型多为 I 型，少量为 II 1 型。显微组分表现为腐泥组和块状、脉状、碎屑状沥青为主，油浸反射光下呈灰白色，不发荧光，缺乏镜质组、惰质组和壳质组，还存在一些似镜质体组分。显微组分不同，页岩中天然气的赋存方式、吸附气含量也均不相同。形态有机质主要包括来源于菌藻和富有生物的藻类、菌类、浮游动物、镜状体和沥青。形态有机质和吸附气含量成正相关关系。

5.7.1.2 储气能力

1. 有效厚度

页岩气具有短距离运移的特性，在较厚的储层中易于富集成藏。页岩储层达到一定厚度才能提供足够的气源和储集空间。富含有机质的页岩厚度越大，页岩的生烃能力和封盖能力越强，页岩气藏的富集程度越高。南方地区经历构造活动较多，其地层厚度越大，形成页岩气的地质条件就越有利，封盖能力越强，越容易形成规模页岩气藏。此处所说的厚度是指高伽马值、富含有机质页岩的有效厚度。根据统计，示范区有产量的页岩气井储层有效厚度为 33~50m，确定有效下限值为 30m（图 5-24）。

2. 孔隙度

孔隙是页岩气主要的储集空间，孔隙度是页岩气储层研究中重要的参数，其大小控制着游离态页岩气的含量。孔隙度与页岩气总含量之间呈正相关关系，孔隙度越大，储气能力越强。石英含量和孔隙度呈正相关关系，黏土矿物含量和孔隙度关系不大，碳酸盐含量和孔隙度呈负相关关系。

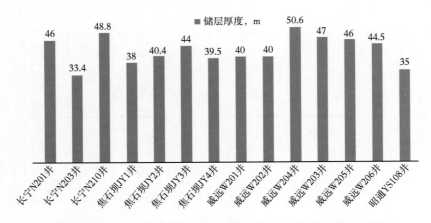

图 5-24 长宁、威远、昭通、焦石坝示范区页岩气优质储层厚度图

对威远、长宁地区志留系龙马溪组（91 个样品）和寒武系筇竹寺组（34 个样品）的总孔隙度、含气孔隙度进行统计，龙马溪组总孔隙度范围为 1.80%~9.50%，平均 4.58%，含气孔隙度介于 0.1%~6%，平均 1.98；筇竹寺组总孔隙度范围为 0.5%~3%，平均 1.59%，含气孔隙度介于 0.1%~2.2%，平均 0.49。龙马溪组页岩总孔隙度基本在 2.0% 以上，80% 的含气孔隙度值大于 1.0%，筇竹寺页岩孔隙度较低，总孔隙度基本小于 2.0%，含气孔隙度值则基本在 1.0% 以下（图 5-25）。

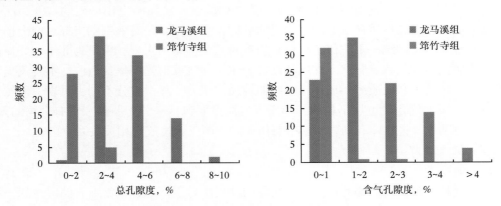

图 5-25 威远、长宁地区总孔隙度和含气孔隙度统计

3. 含气量

含气量是衡量页岩气是否具有经济开采价值及评估资源潜力的关键指标。页岩气主要以游离气和吸附气的形式存在，含气量越高，含气性越好。哈里伯顿公司认为商业开发远景区的页岩含气量最低应为 2.8m³/t，目前北美已进行商业开发的页岩气层含气量最低为 1.1m³/t，最高达 9.91m³/t。

长宁、威远、昭通页岩气龙马溪组示范区储层含气量一般 1~6m³/t，主要分布于 1~4 m³/t 范围内。威远筇竹寺组页岩气含气量介于 0.9~3.5m³/t，平均为 1.9 m³/t，基本在 1 m³/t。页岩含气量与 TOC、孔隙度呈正相关。含气量不低于 3m³/t 时，压裂试气效果好，此时 $TOC \geqslant 3\%$，孔隙度 $\geqslant 4\%$（图 5-26）。

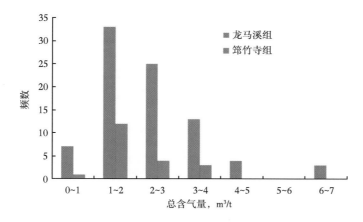

图 5-26　长宁、威远地区龙马溪组、筇竹寺组页岩气含气量分布图

4. 压力系数

地层压力系数是一项关键重要参数，南方海相高成熟页岩地区只有超压的地区才有可能实现商业化开发，超压条件是页岩气地质选区的指标之一。超压页岩气藏一般具有三个典型特征：

（1）超低含水饱和度：富气页岩含水饱和度远远低于束缚水饱和度。

（2）碳同位素"反转"：靠近超压核心区的区域，出现"反转"现象。

（3）发育高密度包裹体：龙马溪组页岩大量生成气态烃阶段，页岩储层具有较高孔隙压力，包裹体大量生成。

通过统计分析，蜀南地区页岩气生产井压力系数为 0.9~2.0，其中 15 口井当压力系数大于 1.2 时，试气产量较高（图 5-27、图 5-28）。

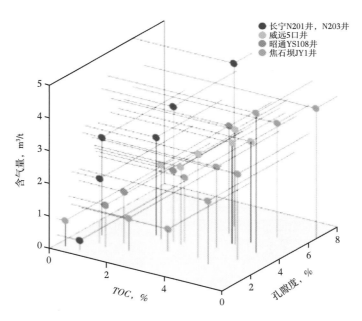

图 5-27　长宁、威远、昭通、焦石坝示范区含气量与 *TOC*、孔隙度关系图

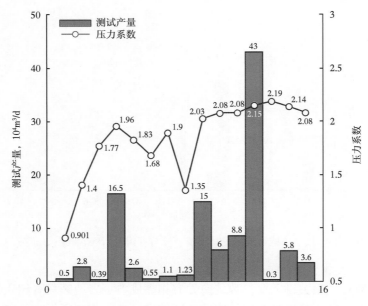

图 5-28　15 口页岩气井压力系数与试气产量关系图

5.7.1.3　可压裂性

　　勘探实践及理论研究表明，页岩脆性矿物含量越高、岩石的杨氏模量越高、泊松比越低、水平应力差越小、天然裂缝系统越发育，越有利于裂缝网络的产生、延伸和扩展。因此用脆性表征页岩产生裂缝、形成裂缝网络的能力。脆性是在岩石非均质性和外在加载条件下产生局部破坏，进而形成多维破裂面产生网状裂缝的能力。主要影响因素有：矿物组分、岩石力学性质、地应力和裂缝发育程度（图 5-28）。

　　1. 脆性矿物含量

　　页岩中脆性矿物的含量是影响页岩基质孔隙和微裂缝发育程度、含气量的重要因素。由于页岩储层基质渗透率很低，需要压裂产生足够的裂缝才能形成工业产能。通过对四川盆地筇竹寺组页岩和龙马溪组页岩 X 射线衍射分析发现，其石英、长石和黄铁矿的平均含量为 30%～64%，且石英及方解石等脆性矿物含量均超过 40%；黏土矿物主要为伊利石，含量平均在 31%～51%，不含蒙脱石，其中筇竹寺组的伊利石含量平均值 83.5%，比龙马溪组高。

　　页岩矿物组成中，石英、长石、碳酸盐岩等脆性矿物含量越高，可压裂性越好，越易于形成天然裂缝和诱导裂缝，对页岩气开发越有利，且直接影响产能。脆性矿物含量与有机质含量呈负相关关系，页岩脆性矿物含量高脆性好时，有机质含量势必降低，生成的页岩气量必然有限，这就导致了页岩储层"不甜"。为了确定压裂段点，要"甜、脆"均衡选取。统计分析示范区页岩气井含气量不低于 $3 m^3/t$；脆性矿物含量分布在 40%~59%，主体大于 55%。钙质页岩"脆而不甜"，黏土质页岩"甜而不脆"，硅质页岩与黏土质硅质页岩"既脆又甜"（图 5-29，图 5-30）。

　　2. 岩石力学因素

　　脆性是材料断裂或破坏发生前表现出极小或者没有塑性变形的特征，高脆性岩石破坏通常是由裂缝主导的断裂破坏。岩石的高脆性在力学表现上有以下几个特征：低应变时即发生破坏，抗压 / 抗拉强度比值高，内摩擦角大，回弹能高。

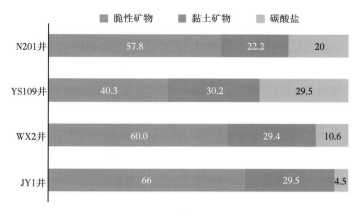

图 5-29 含气量不低于 3m³/t 井位脆性矿物含量比例

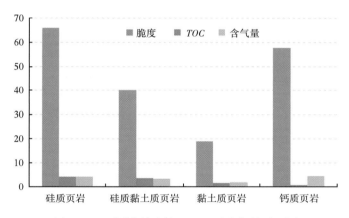

图 5-30 不同岩性脆性、TOC 及含气量对比图

在对页岩力学性质的研究中，一般用到的力学参数有杨氏模量、泊松比、抗压强度、抗拉强度，断裂韧性等。

美国主要产气页岩的杨氏模量一般为 15~44 GPa，泊松比介于 0.11~0.35，具有高杨氏模量、低泊松比特征。川南地区下古生界龙马溪组和筇竹寺组页岩泊松比和杨氏模量分别为 0.1~0.27 和 15.8~40.8 GPa（表 5-4），与美国主要产气页岩相当，具有高杨氏模量、低泊松比特征，质地硬而脆，适宜人工压裂造缝。

表 5-4 蜀南地区 3 口井页岩岩石力学参数表

井位	层位	泊松比	杨氏模量，GPa
威 201 井	龙马溪组	0.22	15.8
	筇竹寺组	0.23	59.1
长芯 1 井	龙马溪组	0.1~0.25	8.6~40.8
宁 201 井	龙马溪组	0.2~0.27	19.4~37.6

3. 地应力

地应力是地壳岩石处于天然状态下所具有的内应力，主要是在重力作用和构造运动作用下形成的。水平应力差越小，水力裂缝越能开启天然裂缝。焦石坝区块水平应力差 3.0~6.9MPa，与北美 Barnett 区块 3.7~4.7MPa 相近；长宁—昭通区块两向应力差 21.4~22.3MPa，约为焦石坝的 3~7 倍；威远区块两向应力差 16.6~18.3MPa，约为焦石坝区块的 2.7~6 倍（表 5-5，表 5-6）。从表 5-6 中可以看出，长宁、威远、昭通区块页岩气储层内造缝施工难度较涪陵焦石坝区块大得多。

表 5-5　威远页岩气田地应力大小实验数据

井号	井深 m	最小水平主应力梯度 MPa/m	最大水平主应力梯度 MPa/m	垂向应力梯度 MPa/m
W3	3139.91~3153.93	0.023	0.0247	0.026
W4	3508.44~3508.63	0.023	0.0245	0.0255
W5	3694.86~3695.05	0.0232	0.0246	0.0255
W6	3753.61~3792.58	0.0235	0.0243	0.0272

表 5-6　焦石坝 JY2 井地应力参数测试结果

深度 m		最大水平地应力 MPa	最小水平地应力 MPa	两项水平应力差 MPa
2330.6	2330.72	53.38	48.75	4.6
2337.88	2338.1	54.28	48.70	5.6
2367.98	2368.15	52.19	49.21	3.0
2372.7	2372.88	54.02	49.28	4.7
2389.18	2389.29	55.24	48.68	6.6
2393.73	2393.9	53.38	49.92	3.5
2395.11	2395.29	55.52	48.63	6.9
2417.19	2417.36	55.52	48.64	6.9

5.7.2　页岩气储层评价标准

5.7.2.1　有效页岩气层下限标准

根据 DZ/T 0254—2014《页岩气资源 / 储量计算与评价技术规范》中关于储量计算应具备的条件，有效页岩气层下限标准包括：含气量下限标准、总有机碳含量下限标准、镜质体反射率下限标准、页岩中的脆性矿物含量下限标准：

1. 含气量下限标准

根据页岩气层含气量下限标准为：当页岩气层有效厚度大于 50m 时，含气量下限标准为 $1m^3/t$。

2. 总有机碳含量下限标准

根据 DZ/T 0254-2014《页岩气资源 / 储量计算与评价技术规范》，以总有机碳含量

TOC ≥ 1% 作为页岩气探明储量总有机碳含量下限标准。

3. 镜质体反射率（R_o）下限标准

根据 DZ/T 0254—2014《页岩气资源 / 储量计算与评价技术规范》，以镜质体反射率 R_o ≥ 0.7% 作为页岩气探明储量镜质体反射率下限标准。

4. 页岩中脆性矿物含量下限标准

根据 DZ/T 0254—2014《页岩气资源 / 储量计算与评价技术规范》，以页岩中脆性矿物含量 ≥ 30% 作为页岩中脆性矿物含量下限标准。

综上所述，五峰组—龙马溪组页岩气层下限标准为：含气量不低于 1m³/t；总有机碳含量 *TOC* ≥ 1%；镜质体反射率 R_o ≥ 0.7%；页岩中脆性矿物含量不低于 30%。

5.7.2.2 储层分类评价标准

根据以上研究内容，建立针对南方海相页岩气的储层分类评价参数标准，包括生烃能力、储集能力和可压裂性三个方面，共 11 个指标（表 5-7）。

表 5-7 南方海相页岩气储层分类评价标准

分级	生烃能力			储集能力				可压裂性			
	TOC %	R_o %	有机质类型	有效页岩厚 m	孔隙度 %	含气量 m³/t	压力系数	脆矿含量 %	水平应力差 MPa	杨氏模量 GPa	泊松比
I	≥ 3	1.2~3	I-II₁	> 30	> 4	> 3	> 1.5	> 55	< 10	> 30	< 0.2
II	2~3	3~4	II₂	20~30	2~4	2~3	1.3~1.5	40~55	10~20	20~30	0.2~0.25
III	1~2	> 4	II₂-III	10~< 20	< 2	1~< 2	< 1.3	< 40	> 20	< 20	> 0.25

对于常规的低渗透油气藏，利用核磁共振 T2 谱的测试，不仅可以得到孔隙度、渗透率等常规物性参数，并且与气水离心、油水离心、多相渗流等实验相结合还可以获得可动流体饱和度、可动油饱和度、剩余油饱和度等参数。但是对于页岩气储层，利用低场核磁共振技术进行岩心分析时，相关研究目前还处于探索阶段，目前依然采用的是与致密砂岩相同的模型和经验值，这将导致储层评价结果的不准确。

6 优质页岩储层发育规律、表征技术及面临挑战

6.1 优质页岩储层发育规律

南方海相页岩具有超压富气机制和超压成藏的特点。蜀南地区超压现象存在普遍性，发现了超压与产量的相关性。从威远构造高部位向东南方向的低部位，地层压力系数增加到 2.3 以上；长宁构造远离露头区往向斜核部、深部斜坡区压力系数由 1.35 增加到 2.03；蜀南产量高的井地层压力系数高，压力系数与井产量相关关系非常密切。页岩气的勘探需要寻找含气量高的地区，其资源丰度高，在同样的增产改造规模下，单井 EUR 也较高，经济性也好。

由于北美地质条件的稳定性，美国页岩气研究者认为超压对于页岩气藏没有那么重要，正常压力、甚至欠压都可以实现商业开发，因此没有将超压作为一个关键指标。但是在我国南方这是一个必需的关键指标。目前已证实，龙马溪组页岩在大量生成气态烃阶段，页岩储层具有较高孔隙压力，自封闭效应使其具有保持超压的能力，持续保存能力取决于后期地质作用。

五峰组—龙马溪组地层笔石化石是划分对比五峰组—龙马溪组地层的第一门类化石，通过对五峰组—龙马溪组页岩内部含有的笔石生物研究，可知其共发育 13 个笔石带，根据笔石组合分属于鲁丹阶、埃隆阶和特列奇阶三套生物地层，页岩顶底具有区域穿时性。

（1）五峰组分为三段，具有高 TOC（3%~8%），厚度一般 7~10m。

（2）观音桥组仅一段：全球性海平面上升，形成最高 TOC（超过 10%）。

（3）龙马溪组分 9 段：其中龙 1 段—龙 6 段有机质发育（TOC2%~4%）。

通过对比研究威远、黄金坝、长宁和焦石坝等区块的优质页岩段，发现蜀南—川东地区的龙马溪组—五峰组下部 6~20m 具有"三高一好两发育"的富气高产段的基本特征，是目前页岩气勘探开发的主要层段。

五峰组—龙马溪组地层在四川盆地总体为连续沉积，在黔北、鄂西和川北则出现五峰—鲁丹阶地层缺失。龙马溪组页岩发育硅质页岩、钙质硅质混合页岩、黏土质硅质混合页岩、黏土质钙质混合页岩、钙质页岩、黏土质页岩等 6 种主要岩石类型。其中高自然伽马值、中高电阻的硅质页岩和钙质硅质混合页岩是五峰组—龙马溪组早期静海深水域的特有岩相，是富有机质页岩段的主要岩相，黏土质页岩是浅水域的主要岩相，成为优质储层

的封盖层。

通过页岩岩相分类与描述，可以确定海相页岩优质储层岩相组合和沉积背景等基础地质条件。在对龙马溪组页岩沉积环境进行分析时，可以充分利用岩性特征、岩石地球化学特征、古生物特征、测井响应特征等方面综合对沉积环境做出判定和精细成图，可以系统揭示深水陆棚相对页岩气优质储层发育的控制作用。在此基础上开展页岩岩相分类与描述，可以制定海相页岩岩相综合分类标准，查明优质储层及其顶底板的岩相组合，预测优质页岩储层发育规律。

通过系统地对页岩孔隙结构进行多尺度描述，可以精确描述海相页岩纳米孔隙特征；借助高分辨率 CT 和电镜等技术手段，可对页岩进行二维和三维表征和评价；通过孔隙形态学分析可以获得孔隙形成的物理化学条件和温度压力等地质环境要素，为优质页岩储层评价奠定重要基础；采用氩离子抛光，FIB 双束系统及大容量成像技术对样品刻槽、切片，可实现对页岩样品的 2D 和 3D 观测和表征，从微观层次对储层孔隙进行不同尺度的实验分析，可发现一些重要的页岩成岩和孔隙演化信息，更好地揭示有机质与无机矿物之间共生或相互关系，进而明确了龙马溪组页岩储层孔隙度特征及成因，富有机质页岩沉积和成岩对孔隙的双重控制作用，同时在薄片观察鉴定基础上，利用地球化学手段，进一步确定了龙马溪组页岩与筇竹寺组页岩无机矿物的重要来源与成因及其对页岩孔隙发育的重要影响。

按照成因分类原则，海相页岩孔隙可划分为原生孔隙和次生孔隙两大类。其中粒间孔隙基本为原生孔隙，有机质孔隙为次生孔隙。除此之外，次生孔隙还包括粒内溶蚀孔隙、粒间溶蚀孔隙及半充填或全充填微裂缝。南方海相龙马溪组页岩是纳米级孔隙非常发育的储层。研究发现：页岩成岩作用与生烃热演化作用共同控制页岩孔隙发育、有机质丰度且与南方海相页岩孔隙体积正相关，其中有机质热演化是产生有机质孔隙的主要因素。南方海相页岩孔隙特征为：有机质孔、粒内（粒间—晶间）孔与微裂缝发育，黏土矿物晶间孔和有机质孔是主要孔隙类型。

研究发现，优质页岩形成的主要环境为深水陆棚相，也是其主要的沉积环境。形成的黑色页岩具有富含硅质碎屑颗粒的纹理。其颗粒部分为黏土质，部分为硅质碎屑颗粒，沿着纹理聚集，呈现棱角—次棱角状。优质页岩段由于沉积环境相对滞留，保留了大量的有机质，形成了较多的有机孔隙。应用扫描电子显微镜对氩离子抛光后页岩样品进行观察，发现页岩储层中纳米级孔隙以干酪根纳米孔、颗粒间纳米孔、矿物晶间纳米孔与溶蚀纳米孔为主，喉道呈席状、弯曲片状，孔隙直径范围 10~1000nm，主体为 30~100nm，纳米级孔是致密储层连通性储集空间的主体。

6.2 海相优质页岩储层关键参数表征技术

优质页岩储层具有富含有机质、发育纳米—微米孔隙、良好的脆性、超低含水饱和度和比较高的含气量等基本特征。确定优质储层评价的关键特征参数，是研究优质储层的重点。通过系统研究，提出了南方海相优质储层基本特征的具体评价参数为：富含有机质，总有机碳含量大于 2%；孔隙度大于 3%；含气量大于 $3m^3/t$；脆性矿物含量大于 55%；含水饱和度小于 40%；含气饱和度大于 55%；比表面积大于 $5m^2/g$。

要准确评价上述基本特征参数，必须建立相对准确的页岩岩心孔隙度、渗透率和饱和度实验等关键分析方，其中脉冲衰减法、孔隙压力波动法渗透率测试技术、颗粒样品孔隙度测试法、低温氮气吸附法和页岩纳米 CT 表征等测试方法是评价致密页岩储层关键参数的核心技术。

孔隙压力波动法渗透率测试技术，采用非稳态法测试极限达到 10nD，其核心技术在于孔隙压力波动法模型的研究和精确计算，目前国产化设备与国外设备测试结果比较一致，已经形成了自主核心测试技术。

颗粒样品孔隙度测试技术是测试孔隙度的重要方法，一般柱塞样品测试结果较小，颗粒样品更加准确。通过模拟对比试验，20~35 目大小的颗粒为最佳测试条件，超过 35 目样品颗粒太细，测试过程中容易造成孔隙度损失，导致测试误差增大。

FIB 双束电镜孔隙结构表征和孔隙度计算方法，是利用 FIB 双束电镜对不同区域的样品进行精确观察，以查明不同地区页岩微观差异。页岩微观孔隙表征技术表征的最小孔隙直径为 10~20nm，可实现全三维显示和数值建模。而国外最先进的美国国家能源实验室 NETL 表征精度为 10~30nm。利用 FIB/SEM 电镜进行建模，形成了页岩孔隙度分析新方法，并对纳米孔隙进行精细表征，与国外达到同等水平。JY1 井与 N201 井，两者在埋藏深度、*TOC* 含量上差异较小，80% 以上为有机质孔隙，但有机质中的孔在大小上存在很大差异，JY1 井有机质孔隙较 N201 井的大，这也是焦石坝页岩气井高产的重要基础。

筇竹寺组和龙马溪组页岩对比研究表明，二者存在弹塑性特征、储集性能、纳米孔隙发育程度和含水饱和度等方面的差异，导致筇竹寺组页岩储层先天不足，对于成藏不利。筇竹寺组的"高脆性页岩成藏劣势"是指：该套页岩脆性成分含量高，页岩内及围岩裂缝较发育，方解石化现象发育，封闭性差，不利于成藏。龙马溪组则具有"塑性自封闭成藏优势"：该页岩脆性含量比筇竹寺组低 10%，围岩裂缝不发育，构造活动中易于保存，并形成超压。

除页岩超压富气之外，页岩的可改造性评价也是优选优质页岩储层的关键因素。页岩储层除了具有含气量、孔隙连通性差别外，在页岩脆性、页理指数等方面也存在差异。长宁富有机质页岩脆性指数高，薄层状，页理、节理、裂缝发育，储层粒径度分选较好，结构成熟度较高。另外，脆性矿物含量、脆性指数与粒度有良好相关性，这些特征奠定了优质储层可改造性的基础。

6.3　优质页岩储层表征面临的挑战

中国页岩气有利区主要在海相，主要分布在中上扬子地区，海相资源量为 $8.82 \times 10^{12} m^3$，占全国页岩气资源量的 77%。国家规划 2020 年在四川盆地及邻区规模应用水平井，全面推广"工厂化"作业模式，实现规模化、批量化、效益化生产，实现页岩气产量 $150 \times 10^8 m^3$。今后应积极评价新的页岩气有利区带，寻找新的页岩气核心区，为进一步上产、稳产奠定资源基础。2021 年至 2030 年，计划在四川盆地海相页岩气规模开发的基础上，加大国内页岩气勘探评价工作力度，开拓页岩气开发的新领域，推动页岩气产业快速发展，逐步提高页岩气在我国天然气产量中占有的比例。

页岩气储层具有富有机质、富黏土、细粒、强非均质性、特低孔渗、纳米级孔喉、高表面积、成岩改造与油气赋存状态复杂等特征，使页岩气储层评价内容、方法与手段有别于常规储层。优质页岩气储层是页岩气地质评价的核心，需要加强相关测试技术攻关研究，不断突破核心技术，实现对页岩气储层更加精确的描述，科学地判断优质储层发育特征和分布规律，是未来页岩气勘探开发的重要内容之一。页岩气储层的复杂性使现有储层表征评价内容、方法与技术手段的准确性、针对性和适用性已无法满足工业生产需求。页岩气储层评价主要包括岩相类型与分布、矿物组成、有机质（类型、丰度和成熟度）、孔隙结构、储层物性和可压裂性等方面内容。其中，孔隙结构定量表征可以大体分为流体注入法和非流体注入法两大类，而高分辨率图像分析技术是页岩孔隙定性表征的主要手段，目前常见的有微米—纳米 CT、高分辨率场发射扫描电镜（FE-SEM）、聚焦离子束扫描电镜（FIB-SEM）、宽离子束扫描电镜（BIB-SEM）、原子力显微镜（AFM）、透射电镜（TEM）和氦离子电镜（HIM）等。利用微米—纳米 CT 和 FIB 刻蚀技术获得大量高分辨率图片可实现页岩储层微米—纳米孔隙形态、大小和分布等可视化表征与定量计算，但各种方法对页岩孔隙的测量结果一致性有待进一步检验。

随着科学技术的不断发展进步，学科与技术的交叉越发普遍，材料、医学等学科相关技术的引进与改良为油气储层研究提供了有效帮助。根据页岩储层表征技术发展趋势，未来页岩储层表征将向高温高压吸附、含水页岩孔隙流体表征、地下储层流体相态、多相渗流表征、高精度含气量测试、储层孔隙动态模拟等方向发展。利用蒙特卡罗数值模拟方法，开展单孔径纳米孔隙内水分、烷烃流体的临界性质研究，0.4~50nm 的孔径范围内单组分烷烃流体临界参数研究；微米—纳米级多孔径孔隙介质复杂孔隙与孔隙等效理论模型的转换方法研究；储层岩石样品多尺度微观孔隙结构精细表征和孔隙三维结构重建，储层流体样品成分及性质测试分析，不同组储层之间相态变化特征差异研究；不同地区同组储层之间相态变化特征差异研究；海相页岩和陆相页岩之间流体赋存状态差异和相态变化规律研究。

目前页岩气勘探开发中脆性评价主要包括力学参数与脆性矿物含量两种评价指标。可压裂性是页岩储层能够被有效压裂改造从而提高产出能力的性质。页岩储层可压裂性受脆性影响显著，页岩脆性越高，可压性越好。脆性参数的获取主要通过地球物理与力学实验方法。除矿物组分与弹性参数脆性评价方法外，其他学者也尝试通过室内压痕实验、破裂面特征、岩石硬度、全应力—应变曲线等特征进行岩石脆性指数的计算。

随着储层评价与表征技术的发展，以氦离子电镜、透射电镜和纳米压痕为代表的新兴技术将进一步推进页岩储层纳米尺度孔隙精确化与定量化表征。随着技术的进步，多技术、多尺度的评价技术的融合是页岩储层评价与表征技术的重要发展方向，尺度过大无法刻画差异性与非均质性，尺度过小则难以兼顾宏观规律。只有多方法、多尺度评价技术深度融合，才能克服不同技术方法的局限性。

目前的储层表征技术室内试验评价结果往往无法准确反映其原地条件下的储层特征。页岩储层敏感性较强，地表条件下受应力释放、风化等因素影响，表征结果难以代表地下条件。地下温度与压力条件下的储层表征评价技术可能更接近真相。随着页岩气勘探开发的不断深入，原地条件下优质储层表征及刻画是页岩气高效勘探开发的关键。

页岩优质储层评价已由二维平面向三维可视化发展，随着四维地震技术发展及先进监测手段发展，为查明页岩气储层压裂改造前后与勘探开发不同时期／阶段储层特征及其变化规律，储层动态监测评价技术的作用日益凸显，对优质储层进行动态监测评价是未来重要发展方向。人工智能、云计算、大数据、物联网、数字货币和区块链等技术与油气行业的结合越发紧密，油田数字化程度不断提高。大数据、云计算是一场由低油价推动的管理变革和更加先进的计算技术的大融合，方法与技术的进步带来获取信息的裂变，数据容量呈现指数增长。通过移动互联和大数据处理，运用好海量信息是加快页岩气勘探开发重要动力。优质储层评价及表征技术将与生产现场更加紧密结合，实现技术、应用的良好闭环，不断提升储层表征技术的进步。

参 考 文 献

[1] 郭旭升，胡东风，魏志红，等．涪陵页岩气田的发现与勘探认识 [J]．中国石油勘探，2016，21（03）：24–37.

[2] 刘树根，孙玮，钟勇，等．四川海相克拉通盆地显生宙演化阶段及其特征 [J]．岩石学报，2017，33（04）：1058–1072.

[3] 谢军．关键技术进步促进页岩气产业快速发展——以长宁—威远国家级页岩气示范区为例 [J]．天然气工业，2017，37（12）：1–10.

[4] 谢军．长宁—威远国家级页岩气示范区建设实践与成效 [J]．天然气工业，2018，38（02）：1–7.

[5] 张光亚，童晓光，辛仁臣，等．全球岩相古地理演化与油气分布（一）[J]．石油勘探与开发，2019，46（04）：633–652.

[6] 邹才能，董大忠，王社教，等．中国页岩气形成机理、地质特征及资源潜力 [J]．石油勘探与开发，2010，37（06）：641–653.

[7] 邹才能，董大忠，杨桦，等．中国页岩气形成条件及勘探实践 [J]．天然气工业，2011，31（12）：26–39,125.